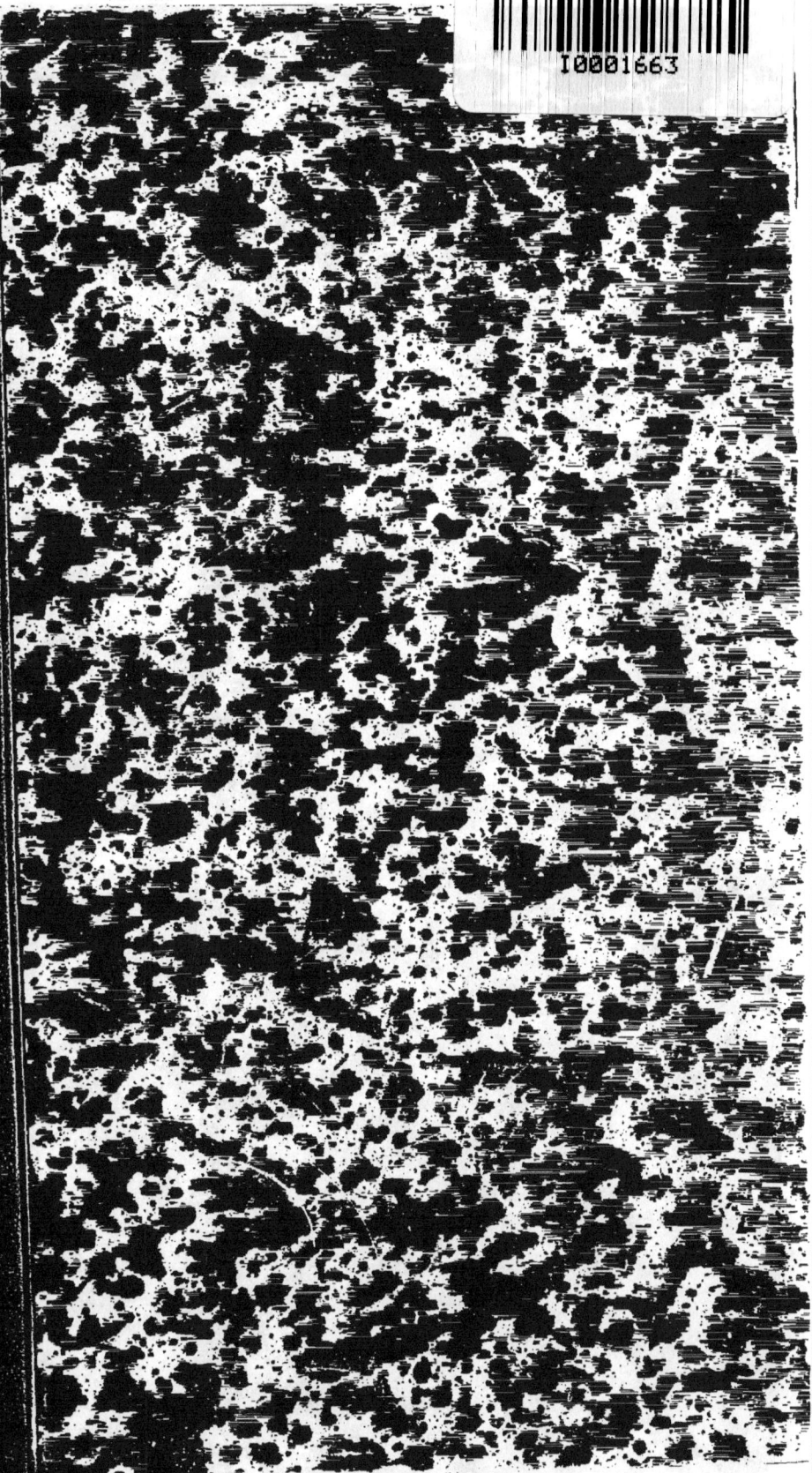

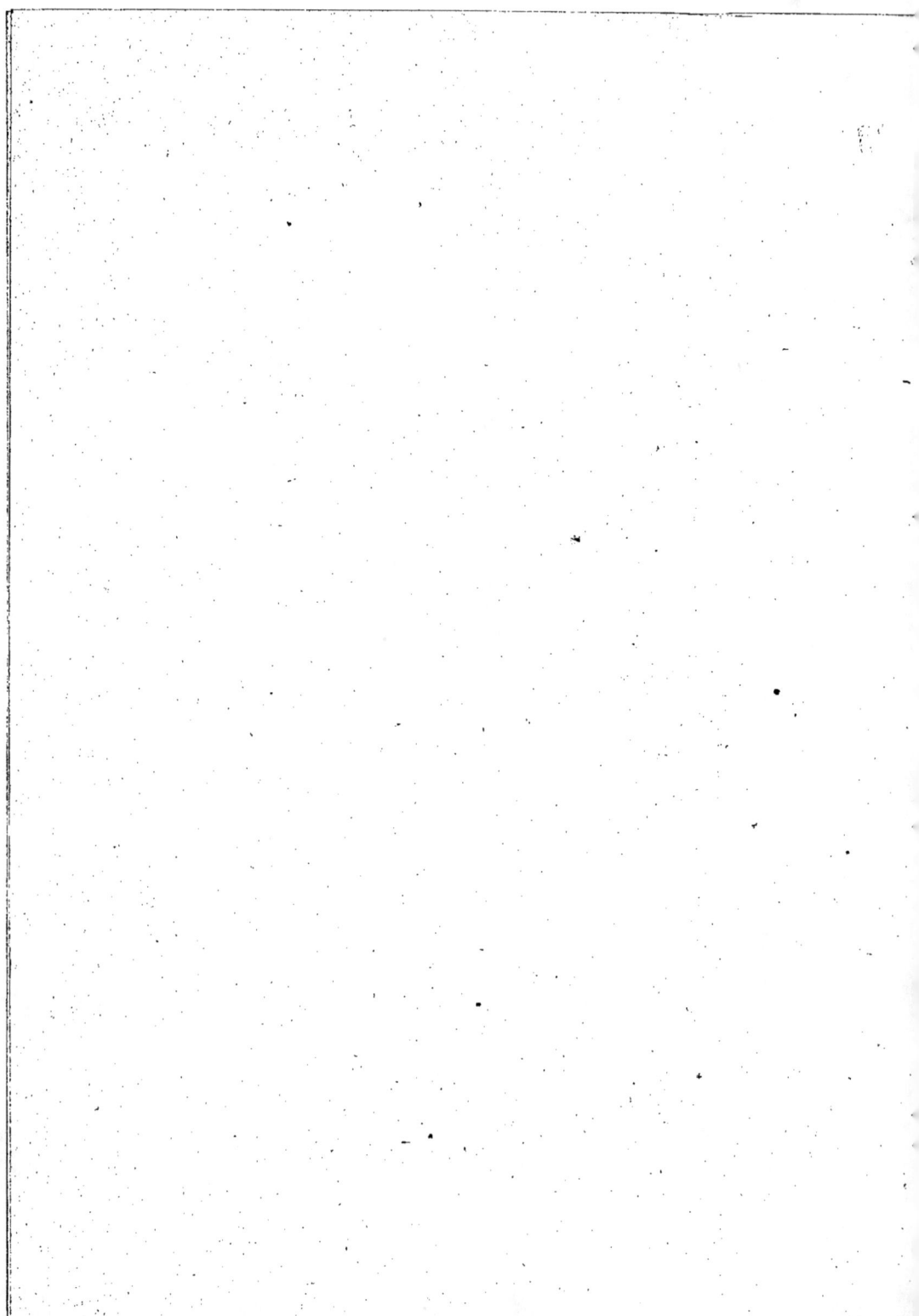

Conserve cette couverture

25 60

NOS OISEAUX

(3ᵉ Série.)

NOS OISEAUX

COLLECTION PICARD

BIBLIOTHÈQUE D'ÉDUCATION RÉCRÉATIVE

ANDRÉ THEURIET

de l'Académie Française

NOS OISEAUX

CENT DIX COMPOSITIONS

DE

H. GIACOMELLI

Gravées sur bois par J. HUYOT

dont 41 planches hors texte

PARIS

Librairie d'Éducation Nationale

ALCIDE PICARD ET KAAN, ÉDITEURS

11, RUE SOUFFLOT, 11

COLLABORATEURS

LES CENT DIX COMPOSITIONS QUI ORNENT CET OUVRAGE

ONT ÉTÉ DESSINÉES

PAR

HECTOR GIACOMELLI

ET GRAVÉES SUR BOIS PAR LES SOINS DE

JULES HUYOT

SYMPHONIE DU PRINTEMPS

SYMPHONIE

Hôtes des bois et de la plaine,
Vous qui chantez à perdre haleine
Dans la futaie ou sur les eaux ;
Merles noirs et loriots jaunes,
Pinsons, tarins amis des aunes,
Linots, fauvettes des roseaux,
Grives, légères alouettes,
Et vous, rossignols, ô poètes,

Salut, peuple heureux des oiseaux !
Baveurs d'air aux ailes alertes,
Ame et gaîté des forêts vertes,
Vous êtes des consolateurs...
A chaque retour de l'année,
Votre musique d'hyménée
Monte avec l'arôme des fleurs,
Et sur la terre reverdie
Votre amoureuse mélodie
Endort les humaines douleurs.

SYMPHONIE DU PRINTEMPS

D'abord un frémissement à peine sensible, un sourd frisson qui court à travers la forêt ; murmure mystérieux de l'herbe qui pousse, de la feuille qui se déplie et de la sève qui monte ; — puis, au bord des taillis où jaunissent les cornouillers en fleurs, au fond des combes humides où le joli-bois épanouit ses calices roses, trois notes éclatent, trois notes vives, lestes et allègrement redoublées : c'est le premier éveillé des chanteurs, le merle qui siffle sa chanson d'écolier aux arbres à peine bourgeonnants. Il a l'air de crier aux quatre coins de la forêt : « Gai ! gai !

qu'on s'ébaudisse, voici le printemps revenu, voici la Saint-Aubin, où chaque oiseau marque déjà la place de son nid ! »
— A ce joyeux boute-en-train deux voix répondent : l'une, qui jaillit de dessous les grands couverts, veloutée et vibrante à la fois, c'est le pinson ; — l'autre, partant des lisières, claire, naïve et sautillante, c'est la fauvette à tête noire.

Ces deux nouveaux chanteurs n'ont qu'une courte mélodie ; mais ils la répètent à satiété, comme s'ils éprouvaient le besoin de se bien convaincre eux-mêmes que l'hiver est sérieusement fini, et qu'en dépit des giboulées d'avril, le printemps n'est pas contremandé.

Là-bas, dans la plaine où les blés et les seigles verdissent, des centaines de voix aériennes et mélodieuses leur confirment la bonne nouvelle. — C'est le chœur matinal des alouettes. — Dès l'aube, la première éveillée a pris l'essor, et montant en droite ligne si haut qu'elle a pu monter, comme le matelot à la vigie du grand mât, elle annonce à tout son peuple que voici le temps des amours et des nids, puis elle se laisse retomber, ainsi qu'un fil à plomb, dans les sillons herbeux. Une seconde alouette s'élance, puis une troisième, puis vingt autres ; c'est à peine si on les voit, là-haut, dans la pourpre rosée du soleil levant, mais on entend leur musique lointaine dont les notes semblent s'égrener en perles lumineuses.

Le signal est donné. Partout, des buissons du chemin, des pruniers en fleurs du verger, des berges de la rivière, des gorges profondes de la forêt, un tutti merveilleux em-

plit la sonorité de l'air : trilles des chardonnerets, gazouil-
lis des linots et des mésanges, vocalises de la grive, tre-
molo de la huppe, rentrée du bouvreuil, petite flûte du
troglodyte et de la sittelle. Puis, par intervalles, sur ce
fond incessamment varié, deux notes redoublées, graves,
profondes, rêveuses, traversent l'épaisseur des bois.

  C'est la voix du coucou, ce chanteur invisible et fantas-
que qui se fait entendre presque en même temps à tous les
coins de la forêt, et qui semble rythmer la fuite des heures.
On le croit tout près, on le cherche, et son appel sonore
retentit déjà au loin. Dans le concert de la joie universelle,
c'est lui qui jette la note mélancolique. Ce double son si
plein et si mystérieux, qui semble toujours fuir et qui revient sans cesse, est comme un écho des printemps évanouis
et des amitiés envolées. Il a l'air de nous soupirer : « Souvenez-vous ! Souvenez-vous !... Donnez une pensée aux dis-
parus, aux ombres aimées qui ne goûteront plus les
ivresses du renouveau... Le temps s'écoule et vous emporte...
Pour vous non plus, les printemps ne refleuriront pas toujours ! » Mais en dépit des pronostics de ce mélancolique
et capricieux avertisseur, la commune allégresse du peuple
insoucieux des oiseaux continue de se manifester par une
exubérance de chansons. Les feuilles poussent, les muguets embaument, les nids se construisent partout : dans
l'herbe, dans la haie, aux creux des arbres morts, à la
fourche des branches vertes, et chacun ne songe qu'aux
délices de l'heure présente.

Noires et blanches, véloces avec leurs ailes en fer de flèche, voici que les hirondelles débouchent des rues du village. Intrépides voyageuses, elles arrivent de loin et elles témoignent la joie de se retrouver chez nous par des circuits étourdissants. Buveuses d'air, elles frisent le faîte des toits, elles rasent la terre et l'eau, disparaissent sous les arches des ponts, puis se remontrent en plein soleil; elles virent, montent, descendent, sans jamais se poser, sans à peine faire entendre un petit cri. La danse silencieuse de ces noires bohémiennes est comme un intermède dans la symphonie du printemps. C'est le ballet au milieu du concert.

Là-bas, dans la forêt, on chante toujours. A la fois sourd et troublant, résonnant et voilé, du fond des halliers monte le roucoulement des ramiers sauvages. Le son troublé et langoureux s'élève, puis tombe pour renaître encore; on dirait le soupir de la forêt assoupie et bégayant à travers son rêve. Ce n'est plus l'aubade joyeuse de l'alouette, ni le babil espiègle du merle, ni l'appel sonore du coucou; c'est l'intime causerie de deux époux qui s'aiment et qui, pelotonnés dans leur bonheur conjugal, échangent de voluptueuses confidences, douces et fondantes comme un gâteau de miel. Sans souci de ce qui se passe autour d'eux, les ramiers roucoulent, roucoulent, tout entiers à leur mutuelle tendresse et pareils aux amants de La Fontaine,

Ils sont l'un à l'autre un monde toujours beau.
Toujours divers, toujours nouveau...

Voici que les ombres s'allongent sur les champs; dans l'eau des étangs le ciel réfléchit son azur plus foncé; les massifs des bois prennent des tons de plus en plus roux, et la première étoile tremble au-dessus de l'horizon. Les voix s'affaiblissent peu à peu, les oiseaux s'endorment près de leurs nids. On dirait que le concert va finir; mais ce n'est qu'un faux silence, une pause adroitement ménagée pour préparer l'entrée en scène du grand virtuose du printemps.

Le rossignol chante, et on dirait que la nature entière est aux écoutes. Les admirables airs de ce maître soliste emplissent tout l'intervalle du crépuscule à l'aurore. A côté de lui, les autres exécutants reculent dans la pénombre. Il fait oublier leurs faibles romances, comme le muguet embaumé aux blancheurs de lait efface le souvenir des fleurettes d'avril. Avec lui l'enchantement féerique commence. L'hymne du rossignol est le chant de l'amour tyrannique, violent et doux, oppresseur et opprimé, tendre et sensuel. On ne se lasse plus de l'entendre, on voudrait qu'il durât toujours...

Mais rien ne dure. A la mi-juin, l'haleine du maître artiste s'accourcit, et, quand les grands feux de la Saint-Jean flambent dans la plaine, sa puissante voix ne résonne plus dans la nuit. Déjà avant lui se sont tues les fauvettes. Seule, en plein soleil, dans les saulaies de la rivière, l'effarvatte jaseuse lance intrépidement son étourdissante mais vulgaire mélopée. La bruyante musique monte au-dessus de l'eau miroitante, à travers le transparent flam-

boiement de l'air embrasé, tandis que, là-bas, dans les vergers rouges de cerises, les loriots se grisent de jus parfumé et jettent encore leurs trois notes grasseyantes et flûtées. — Ce sont les derniers chanteurs de la saison, et leur chanson ensoleillée clôt la symphonie printanière.

LE PINSON

LE PINSON

Fitt ! fitt ! fitt ! Partout à la fois
Le pinson chante dans les bois.

Son ramage qui se marie
Aux voix des merles familiers
Annonce à tous les écoliers
    Pâque-fleurie.

Dans les taillis sans feuille encor,
Les cornouillers et la saulée
En fleurs mettent une envolée
    De poudre d'or.

Salut pinson, jeune allégresse
De la forêt verte !... Salut,
Avril de la vie au début,
    Prime jeunesse !

Fitt ! fitt ! fitt ! Partout à la fois
Le pinson chante dans les bois,

LE PINSON

Pendant les premiers beaux jours de mars, en me promenant sous bois, j'ai entendu au loin un joyeux chant d'oiseau. A cette époque, la grande forêt sans feuilles a la sonorité d'un appartement démeublé ; cette chanson précoce y retentissait allègrement comme une voix avant-courrière du prochain renouveau.

Elle se composait de trois parties : un vif prélude, une roulade et une modulation finale d'un timbre puissant et velouté. J'ai reconnu le chant du pinson, et cette musique printanière a évoqué en moi un souvenir d'enfance qui semblait venir, comme elle, de très loin, du fin fond de la forêt...

En ce temps-là, j'avais onze ans et je *tendais* aux petits oiseaux dans un taillis appartenant à mon grand-père. Ces *tendues* sont fort usitées dans notre pays de Lorraine, où elles ont lieu de septembre à novembre, à l'époque des passages. Tout le menu peuple des oisillons vient se faire prendre aux pièges, et notamment à ce cruel traquenard que La Fontaine nommait des *reginglettes*, et que nous appelons chez nous des *sauterelles*.

Cet engin consiste en une souple branche de coudrier recourbée comme une raquette et dont les deux extrémités sont rapprochées au moyen d'une ficelle double. On plante chaque raquette sur le champ, de vingt pas en vingt pas, le long des sentes ou au bord des mares fréquentées par les oiseaux. Quelques tendeurs plus industrieux accrochent même au-dessus de la raquette un bouquet de baies de sorbier, en guise d'appât. Le matin et le soir, plus d'un bec fin qui venait boire à la mare se laisse tenter par la traîtresse mine de ce perchoir invitant ; il s'y pose, une cheville tombe avec un bruit sec, et la malheureuse bestiole, prise dans le nœud coulant subitement resserré, reste suspendue par ses pattes meurtries au sommet de la raquette détendue.

Un soir, au moment où nous procédions, mon grand-père et moi, à la dernière tournée, je fus attiré dans une sente par de petits cris aigus, et je vis se débattant à l'une de nos *sauterelles*, un oiseau qui venait de se prendre au trébuchet. Il était à peu près de la taille d'un moineau, et

la furie avec laquelle il battait des ailes avait quasi renversé
la raquette. Pourtant, soit que la détente de la ficelle eût
été moins brusque que d'habitude, soit que les pattes du
patient fussent plus résistantes, il n'était point endom-
magé. Il avait le dos marron et le dessus de la tête, ainsi
que le bec, d'un bleu ardoisé ; l'œil vif, les moustaches
noires ; le cou, la poitrine et les flancs d'une belle couleur
vineuse, le croupion olivâtre, la queue fourchue et une
tache blanche sur chaque aile.

« C'est un pinson d'Ardenne, » dit mon grand-père.

Je m'en étais déjà aperçu, car, l'ayant pris par les
ailes pour le dégager, il m'avait d'un coup de bec pincé
jusqu'au sang.

Mon grand-père fit la remarque que ses pattes n'avaient
pas été brisées ; l'une d'elles était seulement légèrement
éraflée. Quant à moi, le voyant si alerte et si mignon de
forme et de couleur, l'idée me vint de le mettre en cage et
de l'apprivoiser. Je suppliai qu'on me permît de l'em-
porter, et j'insistai si bien que j'obtins sa grâce.

« Soit, dit mon aïeul en hochant la tête, mais tu ne
l'élèveras pas ; il est déjà trop fort et trop sauvage... »

Naturellement je n'en crus pas un mot, étant à cet âge
présomptueux où l'on ne doute de rien. J'enveloppai le
pinson dans mon mouchoir, et, une fois à la maison, je le
logeai dans un panier hermétiquement clos, en attendant
que je pusse le lendemain lui préparer une cage.

Je passai une bonne moitié de la nuit sans dormir, tant

l'idée de mon prisonnier me trottait dans le cerveau.
J'avais ouï dire que les pinsons ont de merveilleuses aptitudes musicales, et qu'avec de la patience on peut les
dresser comme de véritables virtuoses ; quand mes yeux
se fermaient, j'entendais en songe mon élève chanter ainsi
que l'oiseau bleu des contes de fées. Dès le matin, je courus au panier. Le pinson n'avait guère mieux dormi que
moi ; il voletait farouchement et donnait de furieux coups
de bec contre les parois. Toutes mes économies furent
absorbées par l'achat d'une cage meublée d'une auge, d'un
abreuvoir et d'une mangeoire que je remplis de chènevis.
J'y transvasai l'oiseau, et en attendant qu'il s'accoutumât
à sa nouvelle demeure, je grimpai dans notre grenier con-
sulter deux ou trois vieux bouquins d'ornithologie, afin de
bien connaître les mœurs et les goûts de mon hôte.

J'y appris que le pinson est d'un naturel très gai ; qu'il
chante de bonne heure, — bien avant le rossignol, — et
qu'indépendamment de son chant proprement dit, il fait
entendre trois cris particuliers : un cri d'appel à l'époque
de l'accouplement, un cri de guerre lorsqu'il se bat contre
un rival, et enfin, lorsque la pluie va tomber, un cri mélancolique, qui est un pronostic certain de mauvais temps.

J'y vis encore que le pinson bâtit son nid dans les
arbres les plus touffus, — un nid rond, solidement tissu
de mousse au dehors, de crins et de toiles d'araignées au
dedans : — la femelle y pond cinq ou six œufs d'un gris
rougeâtre, pointillés de noir au gros bout ; le mâle demeure

LE PINSON

assidûment près de sa couveuse et nourrit ses petits de
chenilles et d'insectes ; — mais, ajoutait mon auteur, les
pinsons adultes vivent de graines : senelles, œillettes.
faînes et grains de blé.

Ainsi édifié, je revins vers la cage. Le captif ne paraissait nullement disposé à s'y apprivoiser. Agrippé aux barreaux, les ailes sans cesse en mouvement, il avait culbuté
son auge et dédaigné le chènevis qui foisonnait dans la
mangeoire.

Peut-être le menu ne lui plaît-il pas, pensai-je, le livre
parle d'œillettes, de senelles et de faînes. — Je courus les
champs afin de me procurer la nourriture indiquée, et,
quand je revins, la fiévreuse agitation du prisonnier avait
redoublé. Il continuait de s'élancer rageusement contre
les barreaux ; il y meurtrissait sa jolie tête bleuâtre, il y
brisait les pennes de sa queue ; le duvet de son poitrail
hérissé s'éparpillait en l'air. Parfois, n'en pouvant plus,
il se rencognait dans un angle, ouvrait tout grands ses
profonds yeux noirs, et son regard désespéré semblait me crier : « Mais lâche-moi donc !... lâche-moi
donc ! »

Je fis la sourde oreille et je m'en allai, me berçant
encore de l'espoir que la nuit le calmerait. Dès le fin
matin, je courus de nouveau à la cage... Sur la planchette
qui servait de parquet, immobile, les paupières closes, le
plumage ébouriffé et terne, le pinson, déjà raidi, gisait
au milieu des graines éparses et intactes. Le sauvage

oiseau des montagnes, en haine de sa prison, s'était laissé mourir de faim.

Mon cœur se serra ; j'avais cette cruelle agonie sur la conscience. Pendant longtemps, je ne pus voir un oiseau sans éprouver une lourde sensation de malaise. Et aujour- d'hui encore, après bien des années, en entendant sous bois les précoces roulades du pinson, ce souvenir d'enfance m'est remonté au cerveau avec la senteur amère d'un **remords.**

LA FAUVETTE

LA FAUVETTE

O fauvettes babillardes
    Et mignardes,
Joie et charme du courtil,
Quand l'arbre sans feuille encore
    Se décore
Des premières fleurs d'avril ;

Gaîté des vertes lisières
    De rivières,
Où votre nid sur les eaux,
Dans une molle indolence,
    Se balance
Entre trois brins de roseaux ;

Vous avez l'éclat limpide
    Et rapide
Des plaisirs vifs et trop courts ;
Votre leste villanelle
    Nous rappelle
Nos printanières amours.

LA FAUVETTE

De tous les oiseaux champêtres, la fauvette est celui qui nous est le plus familier.
Pour peu qu'on ait vécu à la campagne, il
est rare qu'on n'en ait pas connu une ou deux.
— La tribu des fauvettes est nombreuse : il y
a la fauvette grise, la fauvette à tête noire,
puis le clan des fauvettes des roseaux qui
comprend : la *rousserolle*, la *verderolle* et l'*effarvatte*.

La fauvette grise est la plus commune et aussi la plus
grande de toutes. Elle habite le plus souvent les jardins,
les vergers et les champs semés de fèves ou de pois.
Elle se pose sur les ramées qui servent de soutien à

ces légumineuses grimpantes. C'est là qu'elle prend ses
ébats et qu'elle place son nid. Elle y demeure jusqu'au temps de la récolte, qui coïncide généralement
avec l'époque de la migration. Pendant la saison des
amours et des couvées, ces ramées enguirlandées de pois
en fleurs sont toutes retentissantes de mélodies légères,
de joyeux épithalames qui s'harmonisent doucement avec
la verdure tendre des pois, dont les floraisons délicates
ressemblent à un vol de papillons blancs.

La fauvette à tête noire est la plus connue et la mieux
douée sous le rapport du costume et du chant. A l'état
adulte, son capuchon noir lui couvre le sommet de la
tête et retombe jusqu'aux yeux ; elle a le tour du cou
d'un gris ardoisé, plus clair à la gorge, s'éteignant sur
la poitrine dans un blanc ombré de noirâtre ; le dos et
les ailes sont d'un gris brun, lavé d'une faible teinte
olivâtre. Son chant est agréable et soutenu. Il se compose
d'une suite de modulations assez courtes, mais vives et
fraîches ; quelques notes éclatantes se détachent nettement de cette mélodie un peu timide, puis le tout se
fond de nouveau dans un gazouillement discret. C'est
bien là le langage à la fois vif et voilé des premières
émotions printanières, le chant de l'adolescence de l'année.
Lorsque la brève et leste chanson de la fauvette égaye
les noisetiers et les cerisiers du verger, les écoliers se
disent : « Voilà l'hiver passé ! » et mis soudain en humeur
d'école buissonnière, ils s'en vont par bandes à travers

bois, lézardant au soleil, cherchant des nids et se taillant des sifflets dans les branches de saule tout humides de sève.

Pour mon compte, je ne puis entendre la chanson de cette fauvette sans repenser à la série de rustiques plaisirs que ce refrain de bon augure annonçait à mon enfance turbulente. Je revois le jardin paternel avec ses bordures de framboisiers touffus, ses boules de buis et ses genévriers, épars dans les allées. Au cœur d'un de ces genévriers, je découvris un matin le nid d'une fauvette à tête noire. Placé à la naissance des branches, à peine à deux pieds du sol, il était composé, à l'extérieur, de mousse et d'herbes sèches ; à l'intérieur, de crins finement tressés. Il contenait cinq œufs d'un marron très clair, tachetés et marbrés de brun foncé. Je ne pus résister à une perverse fantaisie d'enfant, et je dérobai l'un de ces jolis œufs ponctués de brun. Le lendemain, quand je vins guetter la couveuse, je trouvai les œufs brisés et le nid abandonné. — Les fauvettes sont intraitables sur ce point ; dès qu'une main étrangère a profané le mystère du nid, cette intrusion d'un ennemi inconnu leur paraît d'un mauvais augure pour la future famille ; elles préfèrent tout détruire, et recommencer ailleurs une ponte moins malchanceuse. — Le père et la mère s'occupent de leur progéniture avec une sollicitude égale, se relayant pour couver et montrant pour les petits nouvellement éclos un attachement qui persiste pendant toute

la saison. Ils retiennent auprès d'eux les jeunes adoles-
cents. On les voit voltiger le long des lisières ; le père
va en éclaireur ; s'il aperçoit dans un buisson une abondante récolte de groseilles sauvages ou de baies de sureau,
il avertit les siens par un *couic* joyeux, et toute la maisonnée accourt pour faire ripaille.

Tout autres sont les mœurs des fauvettes des roseaux.
La *rousserolle* habite de préférence les marais et les
rives boisées ; l'*effarvatte* se plaît dans les jardins et les
prés riverains des eaux courantes ; la *verderolle* affectionne les saulaies humides, voisines des chènevières et
des seigles. Elles ont toutes certains traits communs :
la tête déprimée comme celle de l'hirondelle, le bec fort,
l'ongle du pouce long et robuste ; elles se nourrissent
exclusivement des insectes qui abondent dans le voisinage des eaux ; elles ont le même plumage d'un gris
jaunâtre et le même chant aux notes cuivrées et stri-
dentes.

Leur nid profond, artistement construit, tressé à l'intérieur et à l'extérieur avec des herbes sèches et souples,
est le plus souvent suspendu à deux ou trois tiges, nouées
par autant d'anneaux de mousse ou de crin ; les boucles
mobiles sont assez lâches pour que le nid puisse s'élever
ou s'abaisser suivant la hauteur de l'eau.

Dans ce logis qui se balance au remous du courant et
au souffle de la moindre brise, la femelle pond cinq œufs
d'un blanc crème marbré de brun. Sitôt les œufs pondus,

LA FAUVETTE

elle ne quitte plus le nid et s'y laisse bercer, tandis que
le mâle, accroché à une branche de saule ou à une
quenouille de roseau, répète tout le jour sa chanson
réveillante et joyeuse, dont les notes pressées, éclatantes,
peu variées, se succèdent presque sans interruption :
— *cri, cri, cra, cra, cara, cara !...*

Le soleil tombe d'aplomb, l'eau à travers les herbes
a d'éblouissants miroitements d'argent fondu, l'air brûlant semble flamboyer, et ce chant monotone, infatigable, s'harmonise avec le scintillement de la rivière,
le bourdonnement des insectes et le tremblotement de
l'air chaud. C'est un bavardage continu, strident comme
la parole d'une ménagère affairée, qui va et vient à
travers la maison, criant des ordres, gourmandant ses
servantes et ne cessant jamais de jacasser. Aussi, en
Brie, on dit d'une femme babillarde qu'*elle jase
comme une effarvatte.*

Cette allègre fauvette a toutes les vertus domes-
tiques de la ménagère, mais elle en a aussi les défauts :
positive, exclusive, dominatrice, elle veut avant tout
être maîtresse chez elle, et ne souffre pas que d'autres oiseaux viennent s'établir dans le cantonnement
qu'elle a choisi. Bonne personne, au demeurant. Elle
jette dans les longs jours une note gaie à travers le
paysage souvent mélancolique des étangs solitaires. Sa
chanson, d'une mélodie un peu commune, a l'entrain
et la vivacité délurée de la gaieté du peuple. Malgré

ses modulations triviales et peu variées, elle est originale ; qui l'a une fois entendue, ne l'oublie plus.
Elle se mêle à l'impression produite par les belles
journées d'été dans les prés en fleur, comme le refrain
tapageur d'un paysan attardé se mêle au souvenir
attendri d'une poétique nuit de printemps.

LE ROSSIGNOL

3*

LE ROSSIGNOL

Le rossignol chante, et je rêve.
Grisé par son chant, que je bois
Un philtre fait avec la sève
Et les vertes senteurs des bois.
Sa voix monte, monte... J'écoute.
Et je crois retrouver la route
Des beaux jours perdus d'autrefois.

Ta musique est toujours pareille.
Depuis des siècles, tes accents,
Rossignol, enchantent l'oreille
Des princes et des paysans.
Ta chanson câline et sonore
Résonnait de même à l'aurore
Rougissante de mes quinze ans.

Ton chant ne meurt pas, ô poète !
Nous seuls, nous fermons sans retour
Notre bouche à jamais muette...
Ô rossignol ! chantre d'amour.
Dans ces bois pleins de la tendresse,
Si tu rencontres ma jeunesse,
Rends-la moi, ne fût-ce qu'un jour !...

LE ROSSIGNOL

Celui-ci est un maître artiste, le roi des oiseaux chanteurs. — Petit, vêtu de roux et de gris-blanc, il ne paye pas de mine et n'est point fait pour être vu de près; il lui faut le demi-jour lunaire, le mystère du feuillage ou l'obscurité de la nuit; mais, sous cet habit plus que modeste, quelle organisation de poète, quelle verve passionnée, servie par un merveilleux instrument!

Déjà, au seizième siècle, le vieux Belon devenait presque lyrique en parlant du rossignol : — « Lorsque les forêts se couvrent de feuilles, il est longtemps, dit-il, sans cesser de chanter jour et nuit.... Pourrait-il être

un homme tant privé de jugement, qui ne se prenne
d'admiration d'ouïr telle mélodie sortant de la gorge
d'un si petit corps d'oiseau sauvage ? Le meilleur du
rossignol est qu'il persévère si pertinemment en son
chant, que sans se lasser et laisser son entreprise, plutôt
la vie lui défaudra que la voix. »

Fin d'avril, il entre en scène, quand toute la nature
est occupée à l'œuvre d'amour et de reproduction. Il arrive
des pays où le soleil est toujours ardent ; il y a pris des
notes chaudes et métalliques, et il nous rapporte un écho
de l'Orient lumineux et coloré. Le volume de sa voix est
surprenant, et plus surprenante encore la robuste organisation de ce frêle oiseau, qui peut passer des nuits entières
à chanter. Aussi il faut à cet artiste une alimentation
toute spéciale : point de graines, point de fruits aqueux
et débilitants, mais de la chair vive et pour ainsi dire
saignante. Les vers, les insectes, les larves de fourmi composent sa nourriture exclusive. Comme la plupart des
chanteurs, il est grand mangeur, et grand mangeur d'ali-
ments riches en substances azotées. A ce régime tonique,
ses muscles acquièrent une vigueur étonnante, et sa voix
prend une ampleur et un timbre sans pareils.

Il choisit pour théâtre un arbre solitaire ou une clairière
sonore ; pour ses heures de représentation, le crépuscule
ou une nuit silencieuse. Tout en lui trahit un tempérament
d'artiste, tout, jusqu'à la disposition raffinée de son nid,
composé à l'extérieur de feuilles superposées comme les

pétales d'une rose, et à l'intérieur, de longs et minces
brins d'herbe tournés en rond. La femelle y pond de trois
à cinq œufs brillants, vernissés et d'un brun verdâtre ;
tandis qu'elle fait son devoir de couveuse, le mâle, perché
dans un arbre voisin, charme les longues heures de la
couvée par d'exquises mélodies.

Ce n'est pas la musique d'un habile et froid virtuose,
c'est l'hymne passionné d'un cœur ardent et voluptueux.
Les Allemands, qui ne peuvent s'empêcher de mettre du
pédantisme jusque dans la poésie, ont essayé de transcrire
le chant du rossignol, et un de leurs savants, l'ornithologiste Bechtein, en a donné une notation syllabique.
C'est à peu près comme si l'on voulait, à l'aide d'une
formule chimique, donner une idée du parfum de la rose.
A quoi bon chercher à rendre par de pauvres sons
humains une divine musique que tout le monde a entendue ?

C'est un enchantement que cette mélodie magistrale
et sans cesse variée. Elle exprime tout : la mélancolie
et la joie, la tendresse et la passion. Le chant, débu-
tant par de rapides et frémissantes roulades, se transforme peu à peu en un bercement plein de câlinerie,
entrecoupé de longs soupirs, notes profondes et vibran-
tes, qui s'exhalent lentement comme autant d'appels à
l'amour ; puis, brusquement, l'artiste change de ton .
ce ne sont plus que fusées, trilles, staccati, un pétil-
lement de vocalises sonores, — et tout cela, de nouveau,

vient se fondre en une confuse et rêveuse mélopée
Dans cette musique originale, il semble qu'on sente
l'odeur des muguets et des reines des bois, la verdeur
des feuilles naissantes, le bouillonnement et la joie de
la vie en plein épanouissement.

Quand j'avais vingt ans et que je vivais au village,
que de fois j'ai passé une bonne partie de la nuit,
adossé au chambranle de ma fenêtre ouverte, et prê-
tant l'oreille à la chanson des rossignols épars dans la
feuillée ! Ils se répondaient alternativement et semblaient lutter d'éloquence et de passion. Les vergers au
loin étaient plongés dans une nuit mystérieuse. J'écoutais, charmé, comme si j'eusse vécu en pleine féerie.
Sur cette musique palpitante et variée à l'infini, je
mettais des paroles sans suite, comme celle qu'on murmure en rêve, et je me sentais soulevé, emporté par
un magnifique courant de poésie. — Aujourd'hui encore,
pendant les nuits de mai, il m'arrive, quand je suis à
la campagne, d'écouter l'amoureuse sérénade du rossignol
et d'essayer d'évoquer les émotions et les enchantements
du temps jadis. — Hélas ! la jeunesse ne retourne plus
vers ceux à qui elle a chanté une fois son cantique des
cantiques. Les printemps refleurissent, les rossignols
reviennent murmurer leur sérénade dans les pommiers
épanouis, mais d'autres générations jouissent de la fête
et s'enivrent de la liqueur du vin de mai. C'est la même
musique et la même fermentation de la sève dans la

LE ROSSIGNOL

4

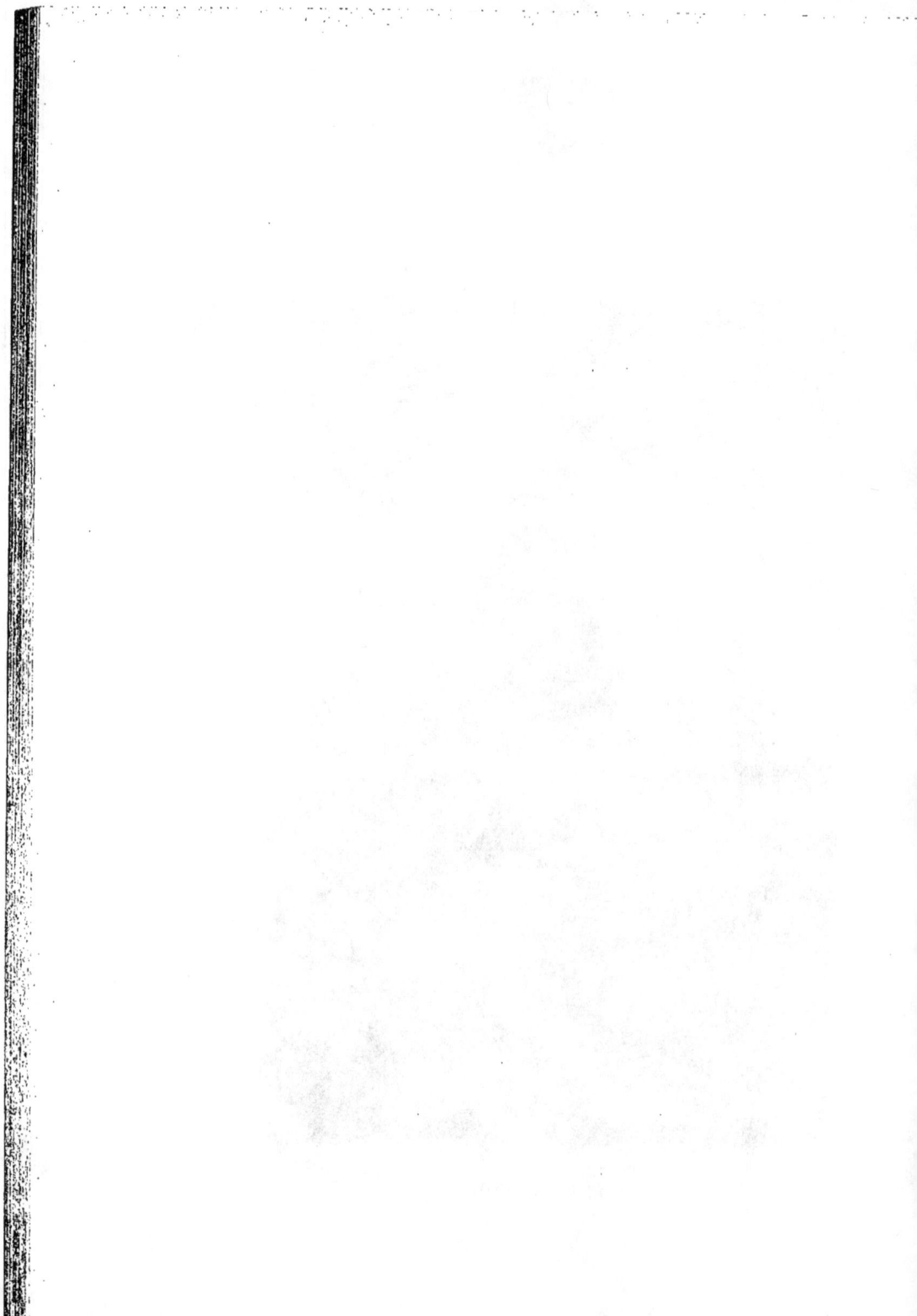

forêt, mais ce ne sont plus les mêmes convives. La
jeunesse a fait monter de nouveaux invités dans sa barque enguirlandée de chèvrefeuilles. Tandis que nous
autres, les anciens, nous restons fatigués et désenchan-
tés sur le rivage, la joyeuse embarcation s'éloigne, et
le chœur des rossignols qui l'accompagne jette dans la
nuit sa musique toujours et toujours plus lointaine...

La jeunesse ne s'en va pas, c'est nous qui nous en
allons ; la chanson du rossignol est éternelle, mais où
sont les oiseaux qui la chantaient il y a vingt ans ? La
divine chanson elle-même dure peu de temps chaque
année, deux mois à peine : de la Saint-Georges à la
Saint-Jean. Passé le solstice de juin, le rossignol ne
chante plus. Les petits sont éclos, et les préoccupa-
tions de la vie matérielle coupent l'inspiration au poète.

Il ne lui reste plus qu'un cri rauque, une sorte de croas-
sement bizarre. La représentation est finie, les feux de la
rampe sont éteints, le merveilleux artiste quitte le théâtre
de ses triomphes, et, traînant après lui sa progéniture
famélique, il s'éloigne des bois pour se rapprocher des
terres labourées et des buissons, où il trouve une provision plus abondante de vermisseaux. — Quand on le
rencontre par hasard, en automne, traversant d'un vol
farouche un sentier écarté, c'est à peine si l'on reconnaît, dans ce silencieux oiseau à la livrée feuille-morte,
l'éblouissant chanteur des nuits de mai. — Il ressemble
à ces comédiens si jeunes et pimpants aux lumières,

dans leur costume de théâtre, si étourdissants de verve
entre les décors lumineux, les perspectives fuyantes de
la toile de fond, les feux étincelants de la rampe, et
qu'on est tout surpris de retrouver si fanés et vieillots,
quand on les voit, à la sortie, passer, bourgeoisement
vêtus d'un vieux paletot, et piétiner piteusement dans la
boue.

LE CHARDONNERET

LE CHARDONNERET

Qu'avril grésille ou fleuronne,
Tressons notre nid, mignonne
    A nous deux.

Étends ton aile jonquille
Sur la bleuâtre coquille
    De nos œufs.

La nuit sur la branche haute
Nous surprendra côte à côte,
    Auprès d'eux ;

Les froids réveils de l'aurore
Nous y trouveront encore
    Tout frileux,

Mais le cœur chaud de tendresse,
Et l'un et l'autre sans cesse
    Amoureux.

LE CHARDONNERET

Avec le loriot, le chardonneret est un de nos rares oiseaux chanteurs dont le costume pimpant soit en harmonie avec la voix mélodieuse et sonore. « Il est », dit le vieux naturaliste Belon, « l'oysillon de la plus belle couleur que nul aultre que nous ayons en France. » — Sa jolie tête espiègle est coiffée d'un capuchon noir qu'un petit passepoil de même couleur rattache au bec d'une blancheur d'ivoire ; la partie supérieure de la face est couverte d'une sorte de loup de velours cramoisi, à travers lequel brillent deux yeux mutins d'un brun vif. Son cou blanchâtre ainsi que la

4*

poitrine, ses ailes aux taches d'un jaune d'or sur fond
noir, son dos brun et sa queue ponctuée de blanc,
achèvent de faire de lui un séducteur impétueux et
irrésistible.

Charmant, jeune, traînant tous les cœurs après soi...

Je parle du mâle naturellement, car la femelle a un
plumage moins éclatant et des mœurs plus paisibles. Elle
est le type de la ménagère qui aime son intérieur, et ne
quitte guère le nid qu'elle a tressé industrieusement. Ce
nid est à la fois solide et confortable : au dehors, mousse
fine, lichen, bourre de chardon, le tout entrelacé de
menues racines ; au dedans, un capiton élastique et moelleux de crin, d'herbe sèche, de plumes et de laine. Les
chardonnerets aiment à suspendre leur demeure aux branches les plus flexibles d'un arbre fruitièr, de sorte qu'au
moindre vent la frêle maison aérienne se balance, doucement bercée. Parfois, cependant, ils logent leur nid d'une
façon plus stable, au creux d'un buisson ou au çentre d'un
massif. Le printemps dernier, j'en ai trouvé deux, bâtis
dans les branches enchevêtrées d'un lierre qui revêtait un
mur de jardin. Ils étaient distants d'un mètre à peine l'un
de l'autre. Chaque nichée contenait sept jeunes, — sept
becs insatiables, qui s'ouvraient démesurément tous
ensemble dès qu'on écartait les feuilles du lierre. Les
deux familles paraissaient intimement unies. Vers le soir,
les mâles venaient de concert, sur la pelouse voisine, lisser

leurs plumes et gazouiller avec de jolis dodelinements de
tête, comme de bons bourgeois qui prennent le frais et
font un brin de causette, à la brune, sur le pas de leur
porte. Pendant ce temps, les femelles affairées voletaient
de-ci et de-là, en quête de mouches et de vermisseaux
pour le souper de leur nombreuse progéniture. — Un
jour il advint que le chat du logis, tapi traîtreusement dans
un massif de seringas, surprit l'une des mères au sortir du
nid et l'étrangla net. Alors je fus témoin d'un trait tou-
chant qui prouve que la charité n'est pas une vertu exclusivement humaine, et qu'elle peut gîter même au cœur
d'une humble chardonnerette. La mère survivante adopta
les enfants de la morte. Elle se chargea de nourrir les deux
couvées, et pendant toute une semaine, nous la vîmes
aller d'un nid à l'autre, partageant la becquée entre ses
sept petits et les sept orphelins.

Une brave et vaillante nature, cette femelle du chardonneret ! elle est l'incarnation de l'abnégation et du dévoue-
ment ; elle montre pour ses petits un attachement exem-
plaire : que le soleil luise ou que les nuages crèvent en
froides giboulées, elle demeure les ailes étendues sur la
nichée, et parfois, après un orage de grêle, on la retrouve
meurtrie, mais fidèle à son poste de couveuse.

« Trop beau pour rien faire, » le chardonneret mâle ne
l'aide guère dans sa tâche qu'en se penchant au-dessus du
nid, et en la charmant par les modulations de son chant
clair, à l'allure cavalière et tendre à la fois. Ce chant se

compose de deux strophes, ou plutôt d'un prélude et d'une
cavatine exécutés séparément, à des intervalles plus ou
moins rapprochés. La cavatine est brodée de brillantes
vocalises, et de cette broderie mélodieuse se détachent
vivement trois notes caractéristiques : *Fink ! fink ! fink !*
qui reviennent de temps à autre comme un rappel. —
Le mâle est très fier de ses aptitudes musicales, de même
qu'il est très glorieux de son habit aux couleurs éclatantes.
Il se dit sans doute que sa beauté le dispense de s'enca-
nailler aux soins vulgaires du ménage, et il se prélasse
avec volupté dans son égoïsme et sa paresse.

Quand les petits sont devenus grands et forts, toute la
famille prend sa volée vers les champs Le chardonneret
est un viveur, friand de graines savoureuses et choi-
sies. En dépit de son nom, il ne s'attaque guère aux
semences du chardon que lorsque, la bise étant
venue, il est forcé de se contenter de cette maigre
chère. En automne, ces jolis oiseaux s'en vont par
bandes marauder dans les œillettes et les colzas. D'un
naturel très batailleur, ils ont souvent maille à partir
avec les linottes, qui hantent les mêmes parages, et
celles-ci ont fréquemment le dessous ; mais ils s'y ren-
contrent aussi avec les mésanges, et ces redoutables
adversaires, au bec dur et affilé, vengent cruellement
les linottes. Pleins de turbulence et d'étourderie, volant
d'un vol bas et filé, les chardonnerets vont donner
tête baissée dans les pièges que leur tendent l'homme

LE CHARDONNERET

et surtout l'enfant. Gare alors la cage et les travaux mortifiants de la captivité !

Le plumage éclatant du chardonneret fait de lui une proie chère aux oiseleurs. Avec ses goûts de viveur et sa mine pimpante, il finit comme ces jolis garçons qui troquent leur beauté et leur pauvreté contre la servitude d'un mariage riche. Dans la cage où on l'enferme, il trouve une table copieusement pourvue de grains de millet et de chènevis ; mais on lui fait payer ce menu délicat en le condamnant à des manœuvres serviles. On lui apprend à tirer le canon et à contrefaire le mort ; on l'affuble de courroies et on l'oblige à porter les petits seaux d'eau qui doivent remplir sa baignoire. Étant d'humeur docile, il se résigne à ce métier de manœuvre. Mais ce n'est encore que l'un des degrés de l'esclavage, et le moins dur à gravir. On ne se contente pas de lui faire gagner péniblement son dîner : on le force à se mésallier et à supporter les importunes amours d'une serine bavarde et intempérante. Il devient le père de petits métis dont le plumage hybride lui est odieux. Enfin — dernière mortification — le régime de la prison assourdit les couleurs de ce costume de parade dont il était si fier. Son beau loup de velours cramoisi prend de vilains tons roux, les vives taches d'or de ses ailes se ternissent. Le bel oiseau tapageur et sémillant s'embourgeoise et devient vulgaire ; — et si, par hasard, un

chardonneret sauvage, fringant et libre, vient à passer
aux environs de la cage où végète le captif, c'est à
peine s'il reconnaît un frère dans ce chardonneret
défraîchi, dédoré, mal marié, qui, derrière les barreaux,
traîne piteusement son attirail de galérien, en compagnie d'une serine hargneuse et jalouse.

LA LINOTTE ET LE TARIN

LA LINOTTE et LE TARIN

(*LE TARIN*)

Dans les vieux clos aux murs croulants
Où pend la grappe du cytise,
La douce odeur des pommiers blancs
Lui monte à la tête et le grise.

Il rêve aux bois profonds et sourds,
Où dans quelque épaisse trochée
Il ira cacher ses amours
Et sa bégayante nichée.

Il prend son vol!... Là-haut dans l'air,
Tout là-haut, bien longtemps encore
On entend son chant vif et clair
Passer, invisible et sonore...

LA LINOTTE ET LE TARIN

Deux grands mangeurs de graines. Bien qu'ils diffèrent d'habit et d'origine, il est difficile de parler d'eux séparément, car ils ont plus d'un point de ressemblance dans le caractère et la destinée. Agréables chanteurs, gais compagnons, d'humeur docile et accommodante, ils s'apprivoisent facilement. Leurs aimables qualités les prédestinent à devenir la proie de l'homme, ce faux ami qui n'aime guère les oiseaux que pour les mettre en cage et les exploiter.

Plus sédentaire et plus bourgeoise dans ses goûts que le tarin, la linotte est très commune chez nous. A l'état

libre, son costume ne manque ni de couleur ni de dis-
tinction. Elle a la tête et le poitrail d'un beau rouge ;
le dos brun marron ; son ventre est d'un blanc rous-
sâtre ; ses ailes et les pennes de sa queue, noires, gri-
velées de taches blanches. Elle est de moindre taille et
a le bec plus effilé que le chardonneret. Comme lui, une
fois en cage, elle perd la vivacité et l'originalité de ses
couleurs. Le linot mâle, dans la volière, finit par devenir
semblable à la femelle. Les vives nuances de son plumage s'effacent insensiblement ; il reste vêtu d'une robe
d'un brun cendré tachetée de rouille, — triste et vulgaire
livrée de l'esclavage.

En mai, les linottes s'accouplent et bâtissent leur nid.
Dans les pays vignobles, elles nichent souvent parmi
les ceps ou au milieu des échalas ; aux environs des forêts,
elles choisissent les fourrés de jeunes sapins, et lorsqu'on
traverse une sapinière, à l'époque de l'accouplement, on
entend de tous côtés le ramage des linots occupés à suspendre aux branches leurs mignonnes constructions. Le
nid se compose de petites feuilles, de racines et de mousse,
à l'extérieur ; au dedans, plume, crin et laine à foison.
Sur ce lit douillet la femelle pond six œufs d'un blanc
bleuâtre, au gros bout taché de rouge brun. Quand les
petits sont de taille à prendre l'essor, toute la maisonnée
s'envole de concert ; elle se joint à de nombreuses familles
voisines, et le clan des linottes s'en va exploiter de compagnie les vergers et les plantations de l'alentour.

Malgré l'approche de la mauvaise saison, la troupe
ne se désagrège pas. Tout l'hiver, les linottes continuent
à vivre en société. Elles glanent par les sentiers les graines
éparses de chardons, et se remisent sur les peupliers et
les tilleuls, dont elles piquent les jeunes bourgeons ; on
les entend gazouiller dans les branches, dès qu'en février
un tiède rayon de soleil luit à travers la brume. Les
mâles seuls sont musiciens. Leur chant s'annonce par un
léger prélude et n'a toute son originalité que chez les
linottes sauvages. L'oiseau captif ne répète guère que les
airs qu'on lui a serinés. C'est un artiste de qualité infé-
rieure. — « Cela est dans l'ordre, dit Gueneau de Montbeillard, avec une solennité un peu sentencieuse, celui
qui a formé son chant au sein de la liberté, et d'après
les impressions intérieures du sentiment, doit avoir des
accents plus touchants, plus expressifs, que l'oiseau qui
chante sans objet, seulement pour se désennuyer ou par
la nécessité d'exercer ses organes. »

La vérité est que, chez les oiseaux chanteurs, l'art
du chant ne se développe pas spontanément, mais par
l'éducation et l'imitation. A l'état libre, le jeune linot
se forme la voix en écoutant son père et les autres mâles
du voisinage répéter les vieilles mélodies traditionnelles
qui se sont transmises de générations en générations.
Les linottes nées derrière les barreaux, dans le nid banal
préparé par l'oiseleur, n'ont souvent d'autre éducateur
qu'un rustre qui leur fredonne des ponts-neufs. — C'est

le soir qu'ont généralement lieu ces leçons de chant.
Parfois, pour mettre les linottes en train, on les prend
sur le doigt et on les place devant un miroir, où elles
croient voir un oiseau de leur espèce. Tandis que le
maître siffle sa turlutaine, elles s'imaginent entendre
chanter le compagnon inconnu ; cette illusion les grise
et elles finissent par gazouiller à l'unisson. — Triste
mélopée de la captivité, sans saveur et sans parfum, qui
ne ressemble pas plus à la jolie chanson du linot sauvage, qu'un chlorotique muguet poussé en serre chaude
n'est comparable au vigoureux et odorant muguet des
bois !

On serait tenté de croire que le tarin, ce svelte et
alerte oiselet au plumage d'un vert olive nuancé de citron,
né en pleine sauvagerie et amoureux des longs voyages,
a plus d'indépendance de caractère que la linotte. Illusion
pure. Le tarin est comme certains bohêmes, chez lesquels
le goût du vagabondage s'allie fort bien avec un penchant
à la servilité. Bien qu'il ressemble un peu à la mésange,
par son agilité de grimpeur et son habileté d'éplucheur
de graines, il n'a rien de l'humeur indisciplinable de ce
vaillant petit oiseau.

On prétend qu'à l'état libre, il niche dans les îles du
Rhin, dans les Vosges, en Hongrie, et de préférence dans
les régions montueuses et forestières ; mais son nid est
fort difficile à trouver. Il le dissimule si adroitement dans
des fouillis de verdure, qu'on croit dans le peuple qu'il

LE LINOT

le rend invisible en y déposant un caillou magique. Il
se cache pour s'accoupler, ses amours sont mystérieuses
et on ne sait rien de précis sur la ponte de ses œufs.
— Oiseau de passage, il arrive chez nous à l'époque des
vendanges et choisit pour sa demeure une berge de rivière
peuplée d'aulnes, car il est très friand de la graine de
cet arbre. Dès les premiers froids, il émigre et ne revient
en France qu'à l'époque où les vergers sont en pleine
floraison ; il a surtout un faible pour les fleurs du pom-
mier.

Il a le vol rapide et fort élevé, mais comme il est
impétueux et naïf autant que la linotte, il se laisse prendre en chemin aux pièges les plus grossiers. Une cage
où un tarin captif sert d'appeau, quelques gluaux fichés
en terre, cela suffit pour attirer l'étourdi et peu défiant
voyageur. C'est fini, il ne reverra plus les Vosges lor-
raines, ni sa retraite mystérieuse au fond de quelque
aulnaie fraîche et verdoyante. — Il va retrouver dans la
volière d'autres mangeurs de graines : linots et chardonnerets, et faire avec eux l'apprentissage de la servitude.
Heureusement il est comme eux d'un naturel docile et
s'accoutume vite à sa nouvelle existence. Ayant le vivre
et le couvert, de bonne eau fraîche dans son auge et
une abondance de graines savoureuses dans sa mangeoire, il ne s'inquiète plus du reste. Au bout de peu
de temps, il ne semble plus regretter le joyeux vagabondage de la vie en plein air. Il oublie même d'aimer,

et si, par aventure, il s'apparie à quelque serine, ce mariage mal assorti est le plus souvent stérile ; les œufs pondus restent clairs. La servitude enlève au tarin la faculté de se reproduire, comme elle dépouille la linotte et le chardonneret de leur habit aux vives couleurs.

LE LORIOT

LE LORIOT

En juin tout s'empourpre à plaisir,
Les fraises des bois et les roses ;
On voit comme un rouge désir
Passer sur la face des choses.

Partout aux splendeurs des couchants
La note dominante éclate :
Trèfles incarnats dans les champs
Et pavots à fleur écarlate.

Le géranium mêle aux rougeurs
Des œillets ses rougeurs exquises ;
Les jardins sont hauts en couleurs,
Les clos sont rouges de cerises.

Et dans la chaleur de l'été
On entend, là-bas. sous les vignes,
Monter le chant clair et flûté
Du loriot mangeur de guignes

LE LORIOT

C'était au fond du Poitou, aux environs de la Saint-Jean, à l'époque où l'on coupe les foins, où les tilleuls se couvrent de milliers de fleurs odorantes et où les cerises sont mûres. Je me promenais dans un clos bien affruité, en compagnie d'une jolie personne, nièce du propriétaire du domaine. Le clos était vert, planté de cerisiers, de pommiers et d'albergiers en plein rapport, et voisin d'un bois peuplé d'oiseaux. Ma compagne était une jolie Angoumoisine de mon âge : vingt ans, fraîche, rose, mignonne, avec des lèvres rouges, des yeux noirs très vifs et des cheveux châtains. Nous nous connaissions depuis la veille seulement, mais à la campagne et quand on est dans la prime jeunesse, on se lie vite. L'air vif du matin, le clair soleil, la bonne odeur d'herbe fauchée qui nous venait des prés, nous avait rendus expansifs, et nous cheminions à travers les arbres du clos en jasant comme une paire d'amis ; elle, très gaie, curieuse, questionneuse ; moi, plus timide, romanesque, très inflammable et cachant sous des dehors un peu gauches une tendresse naissante qui ne demandait qu'à s'enhardir.

Tandis que nous flânions doucement, un chant d'oiseau nous arrivait à travers la feuillée, — un chant composé tout au plus de trois phrases très courtes, d'une sonorité et d'un velouté exquis. On ne pouvait mieux le comparer qu'aux sons d'une flûte d'or. C'était une mélodie pleine et pure, liée par un grasseyement imprégné de sensualité.

La jeune fille s'était arrêtée pour l'écouter :

« Quel est cet oiseau qui chante si joliment ? me demanda-t-elle.

— C'est le loriot.

— Vraiment, et comment est fait ce loriot ?.... Je ne l'ai jamais vu. »

Je dus lui dépeindre cet oiseau, grand mangeur de cerises, au poitrail d'un beau jaune vif, avec des ailes noires et une queue mi-partie noire et jaune Je le lui portraiturai, avec son bec de couleur purpurine fort

et largement fendu ; ses narines bien ouvertes ; son
œil gros, rond, rouge comme une guigne et mouillé
d'une humide lueur gourmande ; sa petite moustache
noire, accentuant cette physionomie d'épicurien. Je lui
dis qu'il nous arrivait des pays chauds à l'époque où les
bigarreaux commencent à prendre couleur, et qu'il
construisait son nid à la fourche des hautes branches ; —
un nid douillettement matelassé d'herbe et de toiles
d'araignée, suspendu comme un hamac entre deux ra-
meaux par de souples et solides ligatures qui le bercent
au moindre souffle d'air, ce qui ajoute une volupté de
plus au confort de cette aérienne demeure.

« Le jus des cerises, continuai-je, le prédispose à la
tendresse, et quand il s'est bien grisé de merises et
de guignes, c'est dans ce nid au moelleux balancement
qu'il fait un doigt de cour à sa payse. »

Ce détail mit en gaieté la jolie fille de l'Angoumois.

« Oh ! dit-elle, je voudrais bien voir un loriot !

— Ce n'est pas facile, répliquai-je, car cet oiseau
gourmand est d'un naturel défiant et d'une approche
difficile... Pourtant nous pouvons essayer. »

Et nous prenant la main, marchant tous deux avec
précaution au plus épais de l'herbe, nous nous appro-
châmes d'un grand cerisier d'où partait le mélodieux
chant flûté. A peine étions-nous arrivés au pied de l'arbre,
que l'oiseau farouche s'envola, mais nous pûmes entrevoir
parmi les feuilles son corps svelte, bien découplé, et ses

ailes noires et jaunes qu'il agitait en fuyant vers les
bois.

Nous étions restés près du cerisier, le cou tendu,
la main dans la main, les yeux perdus dans les feuillées
où les fruits mûrs luisaient doucement dans la verdure.
C'étaient des bigarreaux blancs et roses, à la pulpe
charnue, à la couleur invitante. Une échelle était justement appuyée à l'arbre...

« Si nous allions prendre la place du loriot? » insi-
nua-t-elle en me lâchant la main.

Ramassant ses jupes, d'un pied leste, elle escaladait
les échelons, et d'en bas je distinguais dans la pénombre
ses pieds mignons sous la retombée de sa robe rose à
mille raies. A mi-chemin, elle se retourna, et avec un
sourire espiègle :

« Eh bien ! venez-vous ? » me cria-t-elle.

Ce n'était pas l'envie qui me manquait, mais je n'aurais pas osé monter sans y être invité. Je la suivis en
rougissant, et nous nous trouvâmes bientôt tous deux
au cœur de l'arbre.

La position était fort agréable, sinon très commode,
à chaque mouvement que nous faisions, son bras et ses
cheveux affleuraient ma joue, et elle riait, tandis que
j'avais l'air très sot et très emprunté. A la fin, elle s'ac-
crocha d'une main au tronc de l'arbre, et s'assit jambes
pendantes sur une branche horizontale. J'en fis autant,
et nous nous trouvâmes l'un près de l'autre, mollement

LE LORIOT

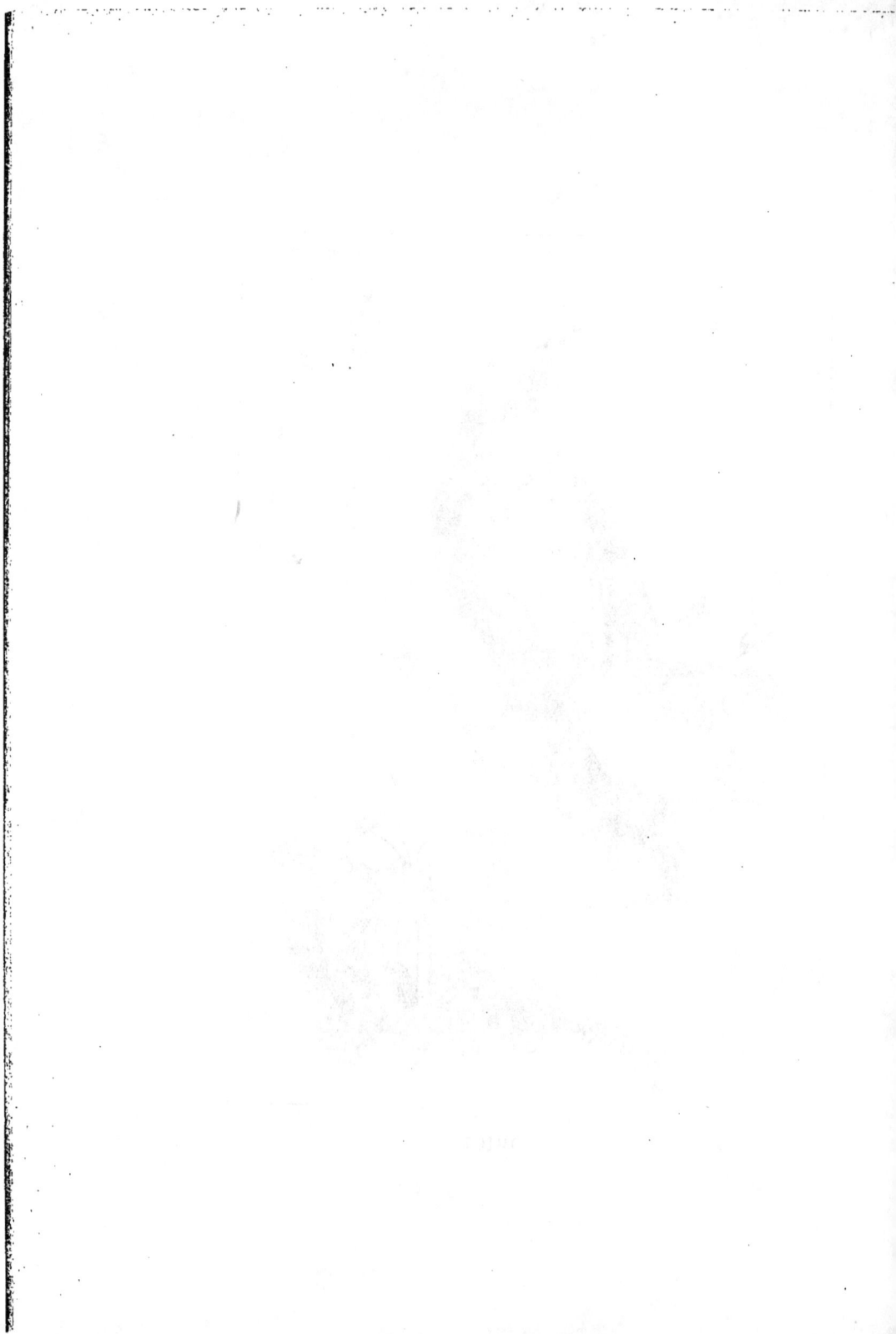

balancés par la branche élastique et fléchissante ; seulement, moi, je n'avais pas comme elle un point d'appui pour me tenir commodément, ou plutôt le seul point d'appui qui me fût offert était son épaule ou sa taille, et mon horrible timidité m'empêchait de m'en servir. Combien alors j'enviais la légèreté et l'adresse du loriot mangeur de guignes ! En voilà un qui sait rester eu équilibre sur les branches, et que l'obligation de se tenir haut perché entre ciel et terre ne gène ni pour satisfaire sa gourmandise ni pour être aimable : Le vent a beau secouer l'arbre, il se balance avec la feuillée et n'en perd pour cela ni son appétit ni sa présence d'esprit.

Je n'en aurais pu dire autant, et malgré l'affriolante compagnie de ma mignonne voisine, je me sentais fort mal à mon aise, et plus gauche encore qu'avant. Elle ne semblait pas s'en apercevoir et picorait gaiement les fruits à portée de sa main ou de ses lèvres.

« Il fait bon ici, soupira-t-elle, ne trouvez-vous pas que nous sommes comme le loriot avec sa payse, dans leur nid suspendu ? »

Était-ce une invite à imiter le loriot jusqu'au bout?... Je ne sus pas la comprendre ; d'ailleurs j'avais toutes les peines à me tenir sur la branche; au bout de cinq minutes, je fis un faux mouvement et je me laissai bêtement choir au pied du cerisier.

Elle éclata de rire, — un petit rire bref et nerveux, —

puis ayant bourré ses poches de cerises, elle descendit à son tour.

J'étais furieux contre moi-même, et, sans presque parler, languissamment, maussadement, nous reprîmes le chemin de la maison, tandis qu'à la lisière du bois, le loriot avec son chant flûté avait l'air de railler ma sottise.

LE MARTIN-PÊCHEUR

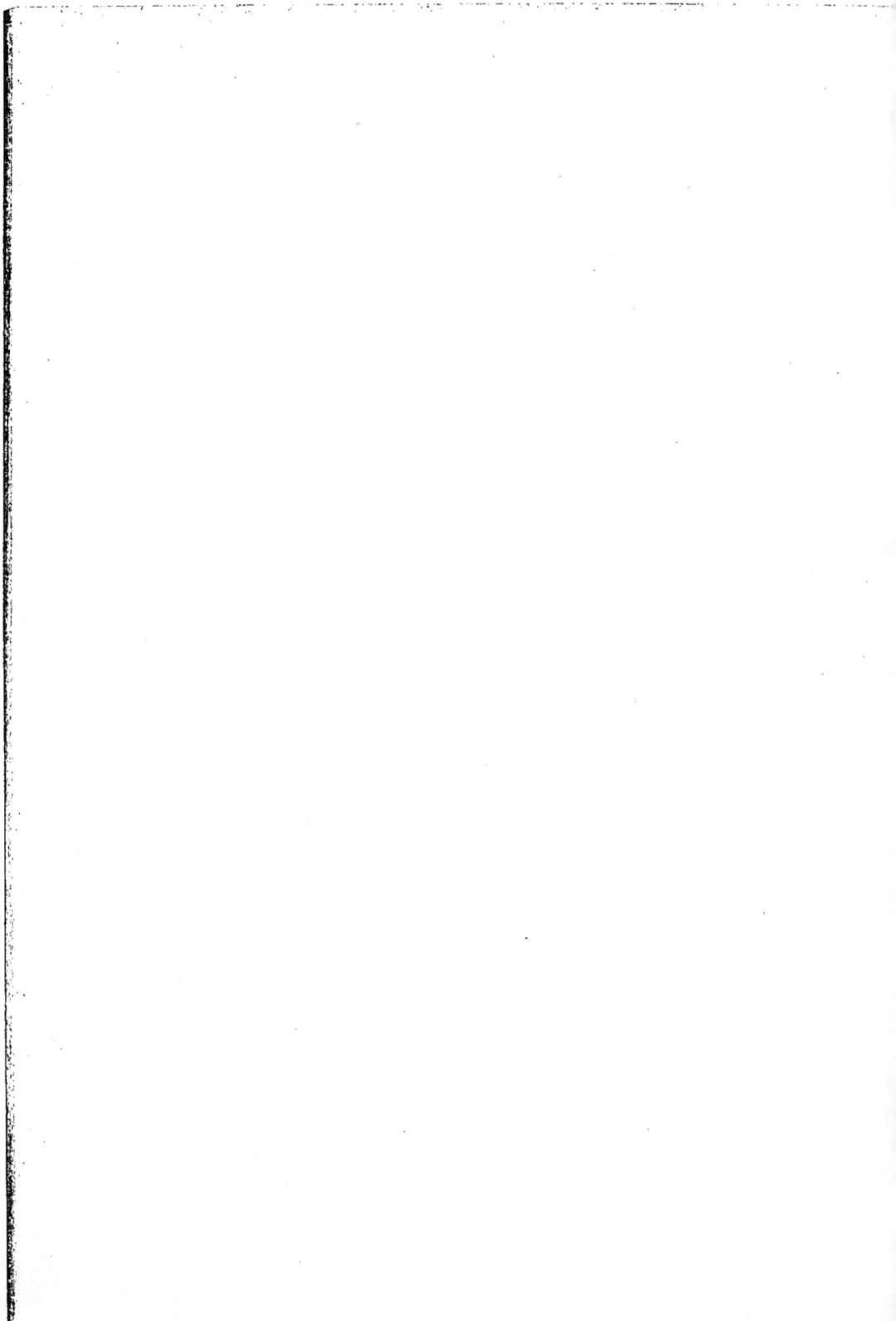

LE MARTIN-PÊCHEUR

Quand, de l'aube au crépuscule,
Les feux de la canicule
Flambent dans les cieux ouverts,
Descends vers les roches creuses
Où les sources poissonneuses
Coulent sur les grands couverts,

Là, dans une ombre endormante,
Le chèvrefeuille et la menthe
Fleurissent à la fraîcheur ;
Là, comme une flèche alerte,
On voit luire, bleue et verte,
L'aile du martin-pêcheur.

Sur l'eau qu'à peine il effleure,
Il brille, fuit et nous leurre
Comme un rêve évanoui ;
Mais la splendeur azurée
De sa robe chamarrée
Reste dans l'œil ébloui.

HUYOT.

LE MARTIN-PÊCHEUR

Par les grosses chaleurs de juillet, je rêve souvent à une gorge feuillue de la forêt d'Auberive, où, dans un couloir de roches, l'Aube, encore voisine de sa source, se fraye un lit obscur parmi des fouillis de coudriers, de frênes et de hêtres. Il y fait presque nuit en plein midi, tant les branches s'entre-croisent inextricablement au-dessus de la petite rivière. Une lumière phosphorescente y filtre à travers l'épaisseur des feuillées, et dans la terre noire, — une limoneuse terre d'alluvion, — les plantes amies de l'humidité foisonnent : les salicaires roses bordent en bataillon serré

les berges mouillées, les chèvrefeuilles trempent dans
le courant le fin bout de leurs brindilles aux corymbes
de fleurs couleur de chair, les reines des prés y imprè-
gnent l'air d'une fine odeur d'amande, et, sur les pentes
des deux rives, les framboisiers sauvages étalent leurs
trochées rouges de fruits.

Je me glissais dans cette gorge en dégringolant un
chemin de chèvres à peine frayé ; je rampais comme un
chat sous des berceaux de ronces enchevêtrées. Aux
heures chaudes de l'après-midi, je me repaissais de solitude et de fraîcheur. La rivière sombre glougloutait doucement, à peine diamantée par un éparpillement menu
de gouttes lumineuses qu'un oiseau, remuant les branches, faisait pleuvoir du haut de la voûte. — C'est là que
je fis connaissance avec le martin-pêcheur.

Celui qui hantait cette retraite avait probablement son
nid à proximité, dans quelque trou d'écrevisse ouvert à
fleur d'eau, car je le voyais souvent passer comme une
flèche au-dessus du courant. Il effleurait l'onde avec un
cri plaintif, puis disparaissait brusquement. C'était à peine
si j'avais le temps d'admirer son dos et sa queue d'un
vert bleu, ses ailes et sa tête ponctuées de taches couleur de turquoise verdie, sa gorge et sa poitrine d'un
rouge feu. Dans les commencements, ma présence in-
quiétait ce farouche oiseau, mais à la longue, ma discré-
tion et mon humeur paisible le rassurèrent sans doute,
car il finit par circuler sous les hêtres sans plus se

préoccuper de moi que si j'avais été un tronc d'arbre.
Souvent, dans le verdâtre demi-jour de la rivière enfouie
sous les ramures, je l'apercevais, perché sur une branche de coudrier qui surplombait le courant, — immobile et chatoyant dans l'ombre comme un étrange bijou
enrichi de saphirs, de rubis et d'émeraudes. Il se tenait
là pendant des heures, l'œil fixe, la tête inclinée, épiant
le passage de quelque menu fretin. Tout à coup, se laissant tomber aplomb dans l'eau transparente, il en sortait
avec un vairon ou une épinoche au bec, et s'enfuyait
vers son nid caché dans les racines. Il arrivait aussi
qu'après avoir plongé à plusieurs reprises, il ne rappor-
tait rien ; alors remontant l'Aube en droit fil et poussant
son petit cri plaintif, il disparaissait, en quête d'une
station plus poissonneuse.

Pourquoi les oiseaux des rivages sont-ils presque toujours tristes? Le héron, le courlis, la bécassine sont des
mélancoliques ; la bergeronnette *lavandière* elle-même
a, dans son éternel va-et-vient sur le gravier, la mine
d'une âme en peine. Cette tristesse tient-elle à l'influence
des milieux? Les grands étangs, bordés de saules éche-
velés et de roseaux où le vent soupire, — les brumes
des matins et des soirs, — les sanglots des sources sous
bois, portent l'homme à la mélancolie ; opèrent-ils de
même sur le système nerveux de l'oiseau? On serait
presque tenté de le croire. Toutefois, pour le martin-
pêcheur, comme pour le héron, il y a une plus prosaïque

raison de cette disposition chagrine : c'est l'incertitude
du pain quotidien, l'anxieuse attente de la proie que
ces oiseaux doivent guetter pendant des heures, à la
même place. Quand on a l'estomac creux et qu'il faut
croquer le marmot jusqu'à ce qu'un poisson probléma-
tique vienne s'offrir à portée du bec, on n'est pas enclin
à une gaieté folâtre. Ceux qui font ce métier-là en ama-
teurs, et avec la certitude d'un bon souper au retour,
finissent eux-mêmes par contracter dans cette longue
attente une sorte de mélancolie nerveuse. Les pêcheurs
à la ligne ont presque tous des prédispositions à l'hypo-
condrie.

Le martin-pêcheur passe ses jours à cette quête souvent décevante de la nourriture, à cette lutte pénible
pour l'existence. C'est à peine s'il a le temps de penser
à l'amour. Ses noces durent peu ; il aménage son nid à
la hâte, y dépose six ou sept œufs d'un blanc d'ivoire, et
dès que les petits sont éclos, il reprend ses courses à la
pitance. Dans la belle saison, cette vie est supportable
encore, mais quand l'hiver est rude et que les cours d'eau
sont gelés, il lui faut battre longtemps les rivages avant
de trouver une proie, et plus d'une fois il tombe mou-
rant sur la rivière glacée.

Farouche et beau, inquiet et errant sans cesse, amant
des grèves solitaires et des retraites ténébreuses, il a
l'air d'un prince exilé, changé en bête par les enchantements d'une fée maligne. Les Grecs prétendaient voir

LE MARTIN-PÊCHEUR

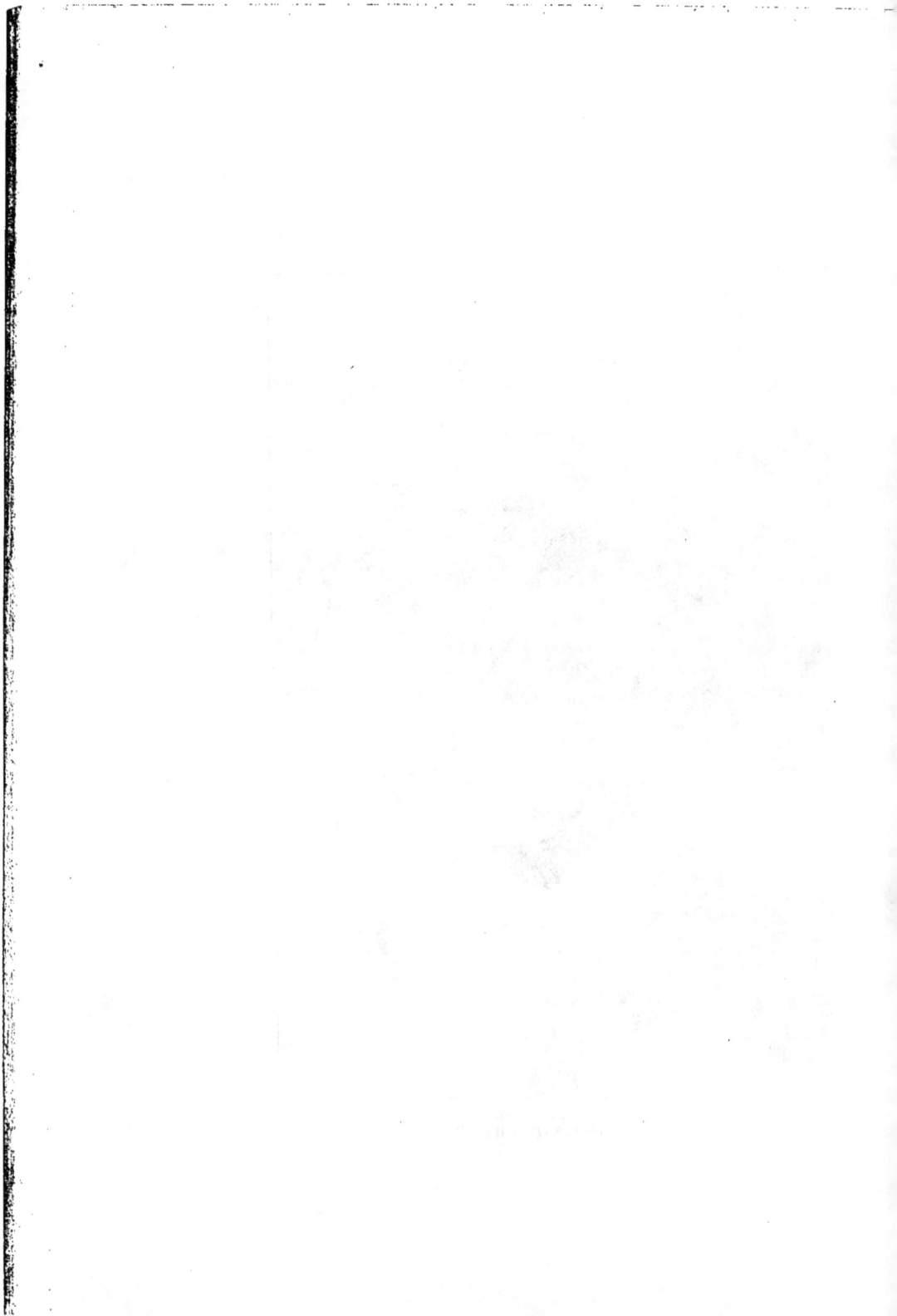

en lui Alcyone, fille d'Éole, métamorphosée en oiseau. Aujourd'hui encore, le martin-pêcheur est, dans nos campagnes, l'objet de vagues superstitions. Les paysans, le voyant ordinairement posé sur des branches mortes, disent qu'il fait sécher le bois sur lequel il se perche. Du temps de Buffon, comme on avait remarqué que le cadavre de cet oiseau est rarement attaqué par les vers, les ménagères lui attribuaient la vertu d'éloigner les mites, et le suspendaient au milieu de leurs vêtements de laine.

Tout se vulgarise et se rapetisse, même les superstitions. En perdant le mélodieux nom d'alcyon, le malheureux martin-pêcheur a perdu jusqu'à ce vague parfum de poésie qui s'attache et survit à la mort.....

Tandis que je m'enfonçais dans ces réflexions, le brûlant après-midi de juillet tirait à sa fin ; le soleil déjà plus bas envoyait sous la voûte des hêtres d'obliques rayons qui couraient sur l'eau noire de la rivière comme d'étranges insectes d'or rouge. En même temps un souffle d'air frais agitait les feuillées, y pratiquait d'étroites ouvertures lumineuses et faisait glisser des moires dorées sur la surface du ruisseau. Puis cette illumination s'éteignait, et je revoyais, seules sur la nappe tranquille, les araignées d'eau dansant un fantastique ballet. Le martin-pêcheur filait de nouveau dans cette ombre comme une lueur d'arc-en-ciel qui passe. Il virait et revirait à fleur du courant, en maraudeur expéri-

menté qui sait que les heures douteuses du crépuscule
sont plus propices à la pêche..... Puis tout à coup, il
plongeait, reparaissait, l'aile mouillée, emportait un poisson
dans son bec, et tandis qu'il fuyait dans la direction
de son nid, j'entendais au loin comme un concert de
pépiements grêles sortir d'un nœud de racines..... C'étaient
les petits qui saluaient la rentrée du martin-pêcheur
et de son butin.

LE MOINEAU

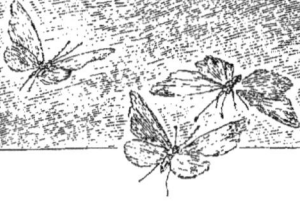

LE MOINEAU

Moineaux errants à l'aventure,
Peu vous importent les étés
Ou les hivers... Mère nature
Fait de vous ses enfants gâtés.

Avril à vos amours fécondes
Offre ses touffes de lilas,
Août vous donne ses gerbes blondes,
Et septembre ses chasselas.

Quand la froideur vous assiège,
Plus d'une secourable main
Sur les balcons tout blancs de neige
Répand les miettes de son pain.

Par le soleil ou par la bise,
Comme des moines mendiants,
Partout vous trouvez table mise.
O moineaux pillards et friands !

LE MOINEAU

Le moineau est, comme l'alouette, un oiseau essentiellement français. L'alouette représente certains côtés lyriques de notre race : — l'élasticité d'esprit, l'élan intrépide, la courageuse gaieté ; le moineau, lui, est surtout l'emblème de la pétulance gauloise, de la verve bruyante, un peu grivoise et fortement gouailleuse du peuple parisien. C'est en effet à Paris qu'on peut le mieux observer les mœurs de ce passereau alerte, effronté et pillard. Il pullule sur nos toits, dans nos rues et dans nos jardins. Vêtu d'une livrée brune

7

et grise, à peine égayée par une cravate noire et blanche
et un liséré jaunâtre sur l'aile, le moineau avec
ses façons vulgaires, son cri piaillard et monotone,
ne paye certes pas de mine, mais il est de ceux qu'il ne
faut pas juger sur l'habit. Il est comme ces laiderons
qui deviennent séduisants à force de physionomie. Son
charme est dans la spirituelle vivacité de ses yeux
couleur noisette, dans la prestesse de son sautille-
ment, les jeux de sa frimousse espiègle, les gentils
dodelinements de sa tête ébouriffée. A Paris, le moineau est dans son vrai milieu ; on l'aime, il se sent
aimé ; il s'imprègne de tous les défauts et de toutes
les qualités de la population au milieu de laquelle il
vit familièrement. Amoureux du tapage de la voie
publique, ami des foules, le moineau a pris au gamin
de Paris le goût de la flânerie et du vagabondage
dans la rue. Il est peu casanier. Son frère, le moineau campagnard, se construit un véritable nid sur un
arbre ; le moineau parisien niche un peu à la bonne
aventure, dans un trou de muraille, sur le chéneau
d'un toit, derrière une persienne. Il y empile à la
hâte, et sans souci des règles de l'art, quelques chif-
fons, des brins de paille ou de foin, le strict néces-
saire. Il ne s'acoquine guère au logis. Le bruit de la
rue l'attire. Zest ! à peine emplumés, voilà les jeunes
moinillons voletant et se colletant sur le pavé. Il n'est
pas rare, aux Tuileries ou au Luxembourg, de rencon-

trer, au détour d'une allée, un père moineau, en train
de donner la becquée à ses petits, qui le suivent,
sautillant, pépiant et ouvrant démesurément un large
bec jaune.

Encore que peu confortable, le nid du moineau
parisien ne chôme pas cependant. A peine une couvée
a-t-elle délogé, qu'une autre la remplace. La femelle
du moineau a une fécondité de mère Gigogne. De mai
à septembre, chaque couple a au moins trois pontes.
C'est là le secret de la multiplication de ces malins
oiseaux qui, à la campagne, font le désespoir du cul-
tivateur et du jardinier. A Paris, où les treilles et les
espaliers sont rares, leur humeur pillarde ne leur attire
pas la réprobation publique; au contraire, la population
se charge de l'encourager et de l'entretenir. Il n'est
guère de Parisien qui ne nourrisse son pierrot. L'em-
ployé en allant à son bureau, la grisette en courant
à son atelier, s'arrêtent aux Tuileries pour émietter leur
pain à des bandes de moineaux. Entre onze heures et
midi, sur le rebord de presque toutes les fenêtres, des
mains charitables déposent le déjeuner de ces heureux
et aimables vagabonds.

O moineaux frétillards et babillards! vous êtes les
hôtes choyés et gâtés de la grande ville, la gaieté et
l'animation de la rue parisienne.

Effrontés et familiers,
Par milliers

Agitant vos ailes blondes,
Vous emplissez l'air du bruit
Et du fruit
De vos amours vagabondes.

Ainsi toujours maraudant
Et pondant
Du printemps jusqu'à l'automne,
Par les jardins des faubourgs
Et les cours
Votre peuple ailé foisonne.

Dans toute la ville, leur table est mise, et ils le
savent bien ! Ils connaissent les endroits où les atten-
dent les meilleures lippées, et ils y accourent à l'heure
exacte. Rien de merveilleux comme la rapidité avec
laquelle ils se communiquent la nouvelle d'une bonne
aubaine ! — Un vieux monsieur me contait que, chaque
matin, après son déjeuner, il avait coutume de distri-
buer de la mie de pain à une vingtaine de pierrots.
Un jour, n'ayant plus de pain, il leur servit de la
brioche. Les moineaux, en gens portés sur leur bouche,
goûtèrent fort ce changement de menu et il est probable qu'ils en firent part à leurs connaissances, car
le lendemain, au lieu de vingt convives, il s'en pré-
senta une soixantaine.

Qu'on aille soutenir, après un tel récit,
Que les bêtes n'ont pas d'esprit.

Sur un balcon de mon voisinage, on place dans
la belle saison une cage où des serins gazouillent du

LE MOINEAU

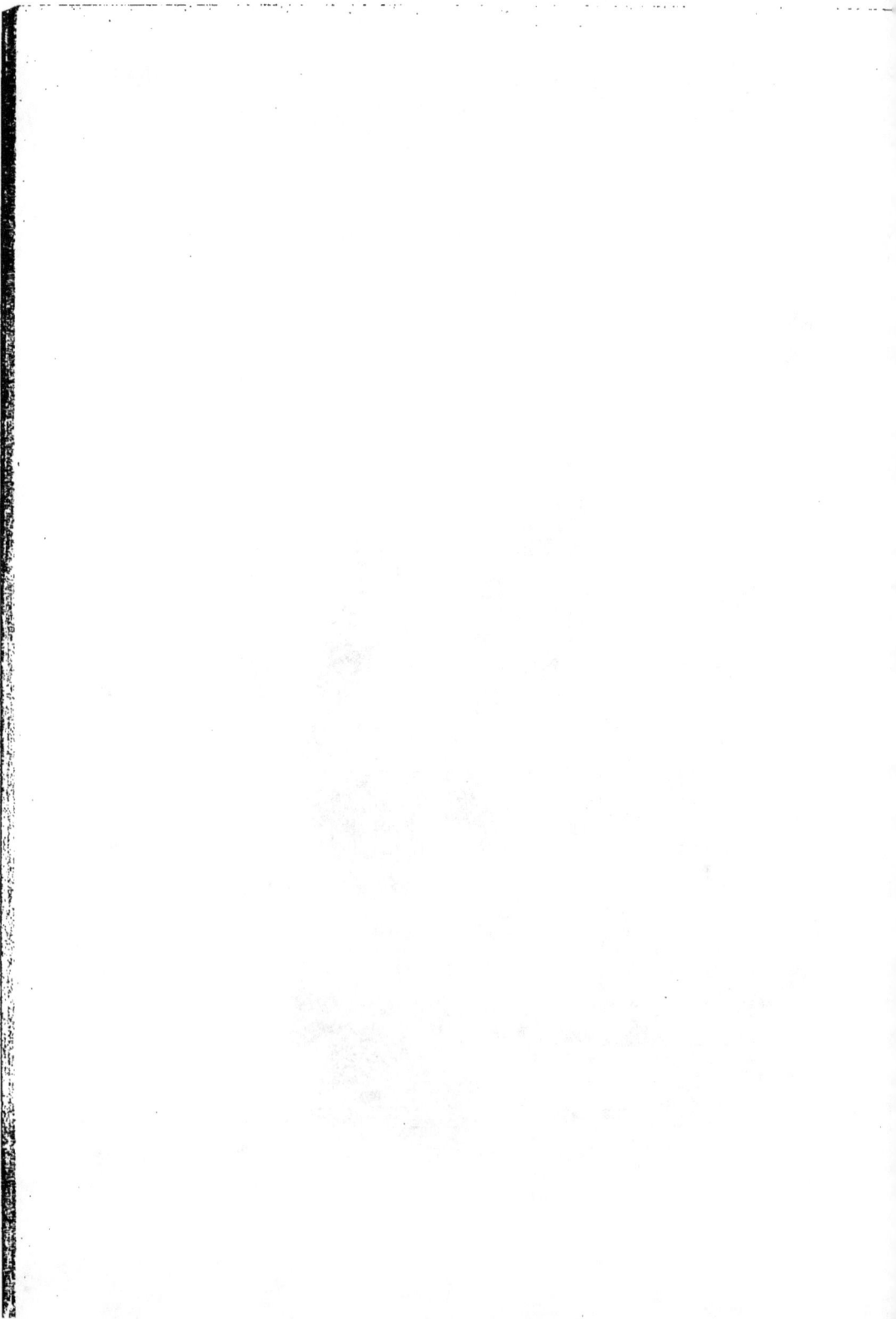

matin au soir. Dès qu'autour des barreaux on a disposé la provision quotidienne de mouron frais et d'épis
de millet, les moineaux, qui guettent la chose du toit
d'en face, accourent en piaillant, et, sans vergogne,
avec une effronterie que rien n'arrête, ils prélèvent la
dîme sur le millet et le mouron, tandis que les serins
indignés protestent en poussant de petits cris qui ne
font que surexciter l'audace des maraudeurs.

En été, la vie du moineau parisien est une longue
fête, une série non interrompue de libres amours et de
dîners aussi variés qu'abondants. Mais l'été ne dure
pas toujours. Peu à peu, l'arrière-saison s'approche, les
fraîcheurs de septembre font tomber les feuilles rous-
sies des marronniers. Les moineaux, au flair subtil,
pressentent les journées courtes et pluvieuses, les nuits
froides et longues, la neige sur les toits, la boue dans
les rues, les fenêtres closes, les dîners plus rares et plus
chichement servis. Dans les grands arbres des squares
et des jardins on les voit se rassembler en masse
et tenir bruyamment conseil. — L'hiver sera-t-il rude?
Faut-il sérieusement songer à se dépayser?. — Leur instinct
leur dit que, là-bas, au delà des banlieues, il y a des
champs tout frais ensemencés de bons grains, des fermes
aux greniers bien approvisionnés. Les plus gourmands,
les moins courageux, se décident à s'expatrier, et, tout à
coup, du feuillage clairsemé des arbres, des volées de pierrots émigrent vers les plaines de la Beauce et de la Brie.

Mais les vrais moineaux de Paris, ceux qui aiment la grande ville jusque dans ses verrues, ne bronchent pas. On les voit braver, intrépides, toutes les malchances de la saison d'hiver, se disputant les épaves de la rue jusque sous les pieds des chevaux de fiacre, et finalement allant heurter du bec aux fenêtres familières, qui s'entre-bâillent pour donner la pâture à ces fidèles compagnons des bons et des mauvais jours.

LA BERGERONNETTE

LA BERGERONNETTE

Dans ton costume blanc et noir
Comme l'habit d'une nonnette,
Sous les saules, de l'aube au soir,
Tu sautilles, leste et jeunette
    Bergeronnette.

Parmi les pierres du lavoir,
Haussant, baissant ta longue queue,
Tu rythmes le bruit du battoir
Qu'on entend claquer d'une lieue
    Sur l'eau bleue.

Aussi mobile qu'un désir,
Tu nargues l'enfant qui te guette :
Dès que sa main croit te saisir,
Tu rouvres ton aile, ô coquette
    Bergeronnette !

LA BERGERONNETTE

Sous ce nom genérique on confond volontiers la bergeronnette proprement dite et
la lavandière. Toutes deux cependant ont
des mœurs et un costume très divers.
La première a le plumage jaune tirant
sur l'olive ; elle vit dans les prairies
où viennent paître les troupeaux, ou bien
voltige dans les champs à la suite des
laboureurs ; — la seconde est habillée de
noir et de blanc et se tient de préférence au bord
des cours d'eau. — Elles n'ont de commun que certains
détails de la physionomie et de la démarche : le bec

fin, les pattes hautes et menues, la queue longue,
qu'elles balancent sans cesse et qui leur a fait donner
en Lorraine le surnom de *hochequeue*. Ce sont de grandes
mangeuses de mouches et de moucherons ; seulement
la lavandière a un faible pour les mouches de rivière,
et la bergeronnette est surtout friande de mouches bo-
vines.

La lavandière est une amie des grèves et des berges
humides ; elle hante volontiers les écluses des mou-
lins et les entours des lavoirs. Le bruit ne l'effraye point,
pas plus celui de la roue éparpillant ses gouttelettes
blanches, que le tapage des laveuses agitant leur battoir. Elle sautille à petits pas très prestes sur les pierres et
sur le sable, trempe ses pieds dans l'eau et hoche perpé-
tuellement sa longue queue mi-partie noire et blanche,
comme pour imiter le mouvement du battoir sur le
linge.

Elle émigre en hiver et ne revient chez nous que vers
la fin de mars. Elle fait son nid à terre, près des berges
creuses ou sous les piles de bois dressées le long des
rivières. Ce nid est composé d'herbes sèches et de petites
racines, le tout garni en dedans de plume ou de crin ; la
femelle y pond quatre ou cinq œufs blancs semés de
taches brunes. Elle est très bonne mère et très vaine de la
propreté de son logis, qu'elle nettoie scrupuleusement
comme la plus soigneuse des ménagères.

Lorsque les petits sont en état de voler, le père et la

mère les conduisent au long des rives et les surveillent
encore pendant un mois. Tout récemment encore, au
bord du lac d'Annecy, j'ai été témoin de l'agitation
inquiète d'un couple de hochequeues, dont l'un des
petits était allé se fourvoyer sous la lucarne d'un grenier et n'en pouvait plus sortir. — Non seulement les
bergeronnettes chaperonnent leurs enfants, mais elles
leur enseignent à chasser les mouches et à les attraper au
vol. On les voit s'élever en l'air par élans, tournoyer,
pirouetter en s'aidant de leur queue étalée en éventail.
Et tout en voletant, ils font entendre un petit cri vif
et redoublé, d'un timbre net et clair.

La lavandière est un oiseau d'une nervosité très grande ;
sa vivacité va jusqu'à l'inquiétude. Si familière qu'elle
paraisse, elle se laisse rarement saisir. Dès qu'on l'approche, elle s'envole à dix pas plus loin, se pose de nouveau en balançant sa queue, comme pour narguer celui qui
lui donne la chasse, puis elle reprend l'essor, et ce manège
peut durer ainsi pendant des heures. Un poète de mes amis,
qui a plus d'une fois suivi ce capricieux manège, a essayé
de caractériser en quelques vers ce vol nerveux et déce-
vant de la bergeronnette lavandière :

> Elle semble, la belle,
> Un maître de chapelle
> Blanc et noir,
> Qui rythme la cadence
> Du moulin et la danse
> Du battoir

Elle court sur le sable
Et s'envole, semblable
Au désir

Qui toujours nous devance
Et qui fuit dès qu'on pense
Le saisir...

La bergeronnette grise ou jaune a des mœurs plus pastorales. « La bergeronnette qui aussi se repaît de mouches, dit Belon, suit volontiers les bêtes, sachant y trouver pâture, et possible est de là que nous l'avons appelée *bergerette*. » Elle est plus sédentaire que la lavandière et ne nous quitte pas, même pendant la mauvaise saison. L'hiver, elle se rapproche des villages, s'abrite sous les berges des ruisseaux qui gèlent difficilement, et là, malgré la froidure, elle fait entendre un petit ramage doux et discret. Dès que mars ramène le temps des labours et des semailles, on la voit suivre le paysan qui pousse sa charrue, et se poser sur les mottes de terre fraîche où elle trouve ample provision de vermisseaux.

Elle niche en avril, dans les prairies, ou parfois sous les racines d'un arbre riverain d'un ruisseau. Le nid posé à terre ressemble fort, comme choix de matériaux et comme contexture, à celui de la lavandière, seulement il est tressé avec plus de soin. La femelle y pond six, sept et même huit œufs, d'un blanc tacheté de jaunâtre. Quand les petits sont élevés, c'est-à-dire aux environs de la fenaison, le père et la mère les conduisent avec eux

LA BERGÉRONNETTE

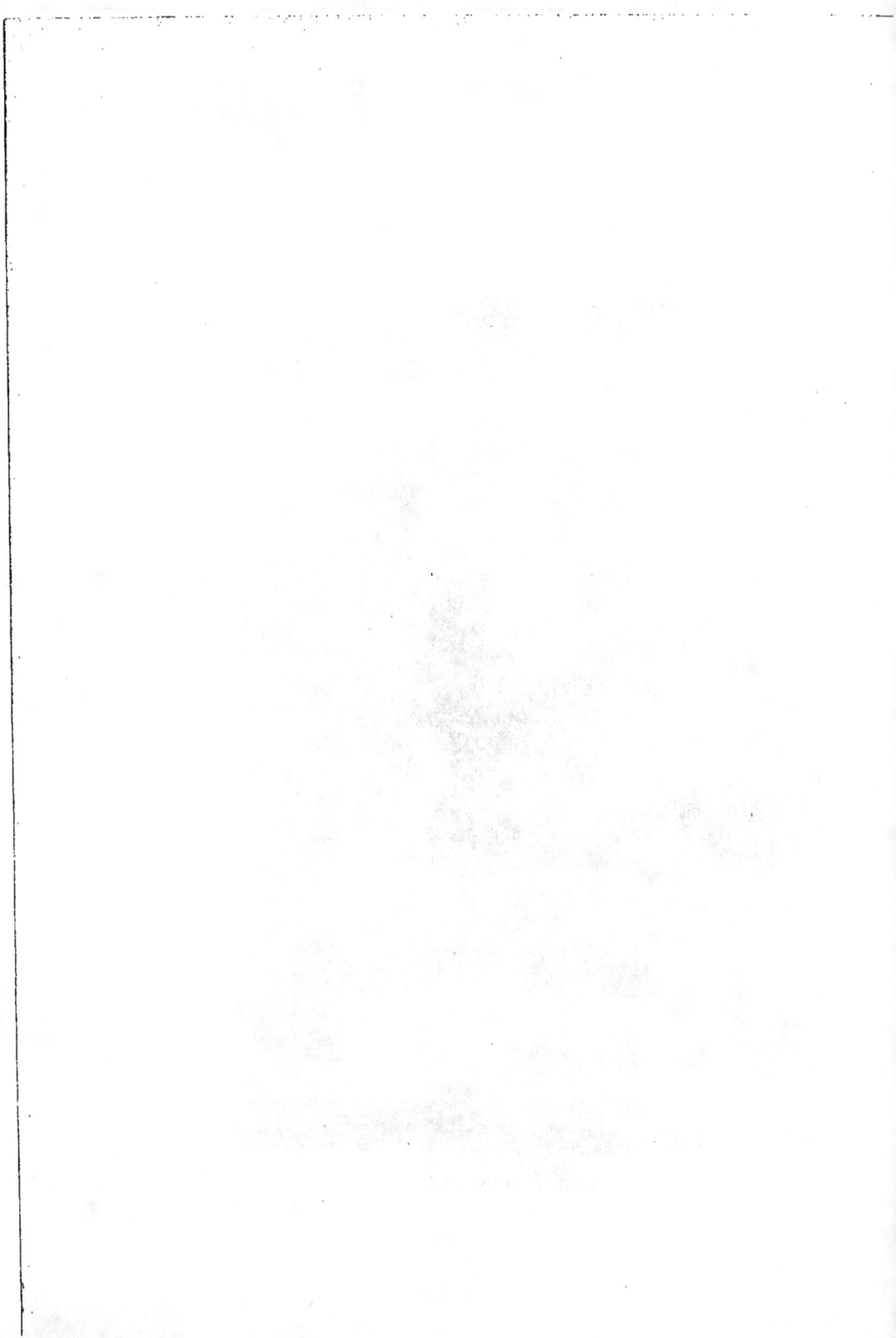

dans les prés fauchés où viennent paître les troupeaux.

C'est alors que commence la vie idyllique de la bergeronnette. Les grands bœufs roux ruminent couchés dans
l'herbe courte du pâtis ; autour d'eux, des essaims de
mouches tourbillonnent, et à droite, à gauche, la bande
des oiseaux aux longues queues mobiles s'élance à l'envi
sur les moucherons, sans s'effaroucher du voisinage de
ces lourds ruminants. Quelques bergeronnettes s'enhar-
dissent même jusqu'à se poser sur la corne noire des
vaches. — D'autres suivent les troupeaux de moutons qui
vont s'éparpillant dans des vaines pâtures, sous la conduite
du berger qui marche, enveloppé dans sa limousine.

Au dix-huitième siècle, où les naturalistes prêtaient
volontiers aux animaux qu'ils étudiaient les idées senti-
mentales, alors à la mode, on prétendait que la bergeronnette pousse si loin son affection pour le berger, qu'elle
l'avertit de l'approche du loup ou de l'épervier. — L'inven-
tion est fort jolie, mais aussi peu vraisemblable qu'ingénieuse. Les bergeronnettes s'inquiètent peu du loup, dont
elles n'ont rien à craindre ; quant à l'épervier, si elles
manifestent un vif émoi lorsqu'il plane au-dessus du pâtis,
c'est uniquement par intérêt pour leur propre conserva-
tion, et non par amitié pour le berger, qui, du reste, n'a
rien à redouter de l'épervier, celui-ci s'attaquant aux
oiseaux, mais nullement aux moutons.

Tout le jour, les bergeronnettes suivent ainsi le troupeau dans ses évolutions. Puis le soir vient, les grandes

ombres des ormes s'allongent sur la plaine, de légères
buées s'élèvent dans les fonds ; la lune montre son crois-
sant au-dessus des· bois ; le berger souffle dans sa corne
pour rassembler ses bêtes ; poussés par le chien, les moutons se ruent vers la route poudreuse avec des bêlements
tumultueux ; les vaches meuglent, le cou tourné vers
l'étable, et, par derrière, sautillant sur les touffes d'herbe,
balançant la queue et jetant de petits cris aigus, les bergeronnettes font la conduite au troupeau jusqu'au bout de la
prairie.

LE TRAQUET

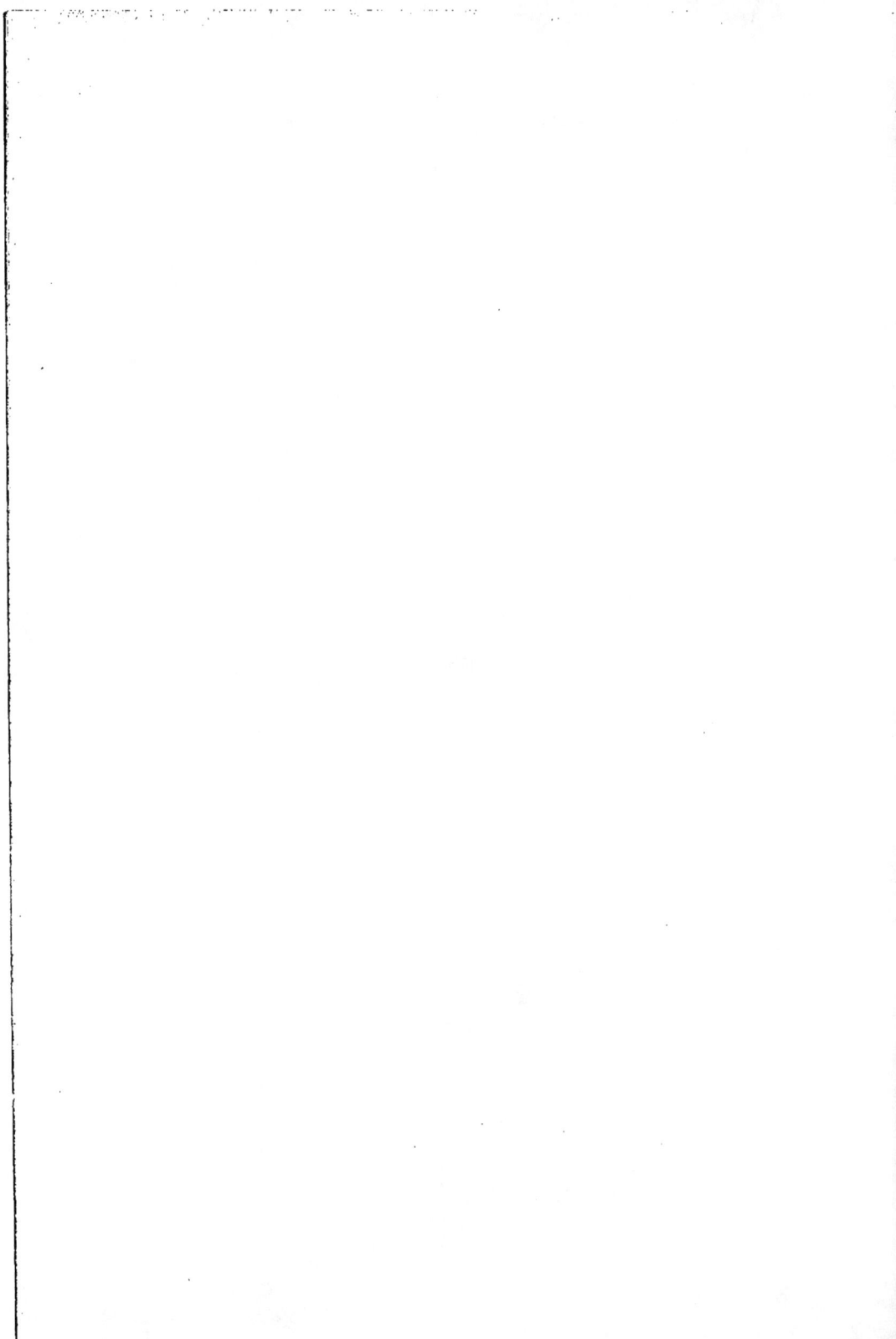

LE TRAQUET

Matin d'automne. Un rayon luit
Faiblement, à travers la nue,
Sur la friche onduleuse et nue
Où la bruine à petit bruit
    Tombe menue.

Tout est calme. Seul sur les brins
Des genêts et des aubépines,
Sur l'épi bleu des vipérines,
Le vent fait briller des écrins
    De perles fines ;

Et seul dans l'humide frisson
Des feuilles pleurant sur la mousse.
Un oisillon à gorge rousse
Sautille, et jette sa chanson
    Allègre et douce.

Je reconnais ton clair caquet,
Oiseau solitaire et folâtre,
Hôte de la friche grisâtre,
Gaîté de la lande, ô traquet !
    Ami du pâtre.

LE TRAQUET

L'autre jour, je visitais le musée de Saint-Malo. Tout en longeant la grande salle claire, à travers les fenêtres de laquelle on voit au loin la mer bleuir, j'arrivai à une vitrine qui contenait une collection d'oiseaux du pays : — fauvettes, mésanges, rossignols, gorges-bleues, rouges-gorges, etc. — A côté du motteux dit *cul-blanc*, j'aperçus un oisillon à la poitrine rousse, à la tête noire agrémentée de deux taches blanches de chaque côté du cou. Le dos était noir, nué de brun ainsi que la queue ; les ailes noires également, mais marquées d'une ligne blanche.

9

— Je reconnus le *traquet*, qu'on nomme martelot dans ma province, et je me rappelai la description qu'en fait le vieux Belon : « On le voit se tenir sur les haultes sommités des buissons, et remuer toujours les ailes ; et, pour ce qu'il est ainsi inconstant, on l'a surnommé un *traquet*... Et comme un traquet de moulin n'a jamais repos pendant que la meule tourne, tout ainsi cet oiseau inconstant remue toujours ses ailes. »

Satisfait d'avoir revu le traquet, je quittai le musée, tout en songeant à la jolie physionomie de cet oiseau, amant des landes buissonneuses. Je traversai les rues étroites de Saint-Malo, bordées de hautes et grises maisons de granit à quatre étages, et je gagnai le quai lumineux, ensoleillé, plein de mâts de navires se profilant sur la mer maintenant verdâtre et laiteuse. Le vent s'était élevé, les barques dansaient le long de la cale, et je voyais l'extrémité de leur mâture se balancer au-dessus du mur du quai. — De l'autre côté de la baie, Dinard étageait dans le soleil ses jardins en terrasse et ses villas à l'italienne ; des barques se détachaient de la cale et filaient voiles au vent vers la Rance. Le bac à vapeur, couvert de passagers, traversait lentement la baie, laissant derrière lui deux longs sillons d'écume blanche ; il y avait dans l'air et sur l'eau une animation et une gaieté qui invitaient au voyage. Je ne résistai pas à la tentation, et, sautant dans une barque, je me fis conduire à la pointe de la Vicomté. Là, je gravis le talus planté de hêtres et je me trouvai bientôt en pleine lande.

Les pâtis entourés de ces épaisses haies bretonnes, où foisonnent la ronce et le chèvrefeuille, se prolongeaient au loin, coupés çà et là de maigres champs où le blond roux des blés, le jaune pâle des avoines onduleuses, semaient des taches claires. Je tournais le dos à la baie que me masquait le bois de hêtres, mais j'entendais toujours la respiration profonde et lentement rythmée de la mer. Sur un tertre vert surmonté d'un bouquet de houx, un pâtre surveillait ses vaches rousses, agenouillées dans la verdure grise des ajoncs. Il y avait un grand calme tout à l'entour; la lumière elle-même s'était assourdie, le soleil s'était voilé de nuages blancs. — Soudain j'entendis un petit cri plusieurs fois répété : *ouip! tié tié! o·uip! tié tié!...* Et je vis à quelque pas, se balançant sur une brindille de chèvrefeuille, mon oisillon à poitrail roux, — le traquet du pâtre.

Posé sur la tige mobile, il agitait ses ailes comme s'il eût été déjà impatient de prendre l'essor, puis il s'envolait par petits élans et retombait en pirouettant sur une autre branche, qu'il quittait l'instant d'après. C'était le mouvement perpétuel, que cet oiseau. Bien que son vol ne fût jamais élevé, il semblait à peine toucher les branches de ses pieds noirs, et appartenir plutôt à l'air qu'à la terre. Pendant cette danse continue sur les tiges fléchissantes des ronces et des aubépines, il paraissait heureux et continuait de pousser son petit cri sourd : *ouip!*

tié tié! ouip! tié tié!... Avec sa gorge rouge bai, il me
faisait penser au lutin de mon pays, au rouge et pétulant
sotret, qui rôde en espiègle autour des chevaux, dont il
emmêle les crinières.

Ce coureur de haies fait son nid dans les friches,
parmi les racines des arbustes qui s'enchevêtrent en buisson ; il le cache avec soin et s'y introduit furtivement,
comme un amoureux qui a peur d'être vu quand il entre
chez sa maîtresse. La femelle pond cinq ou six œufs d'un
vert bleuâtre, avec de légères taches rousses vers le gros
bout. Dès que les petits sont éclos, le traquet redouble
de précautions pour entrer au nid ou pour en sortir. Il
ne s'y hasarde jamais qu'après avoir passé au travers de
quelques buissons voisins, de manière à rendre autant
que possible infructueuses les recherches des curieux et
des malintentionnés. Quand il en sort, même manège ;
il file sous les branches jusqu'à une certaine distance,
de sorte que l'on ne connaît jamais bien au juste la place
exacte de sa nichée, et qu'il faut fourrager le long de
la haie tout entière, pour la découvrir.

Les gens méticuleux et défiants à ce point ont rarement
le goût de la société. Hors le temps de l'accouplement,
le traquet va toujours solitaire. — « Il ne vole guère
en compagnie, ains se tient toujours seul, dit Belon ;
néanmoins, dans les champs, il se laisse approcher d'assez
près et ne s'éloigne que d'un petit vol, sans paraître
remarquer le chasseur. »

LE TRAQUET

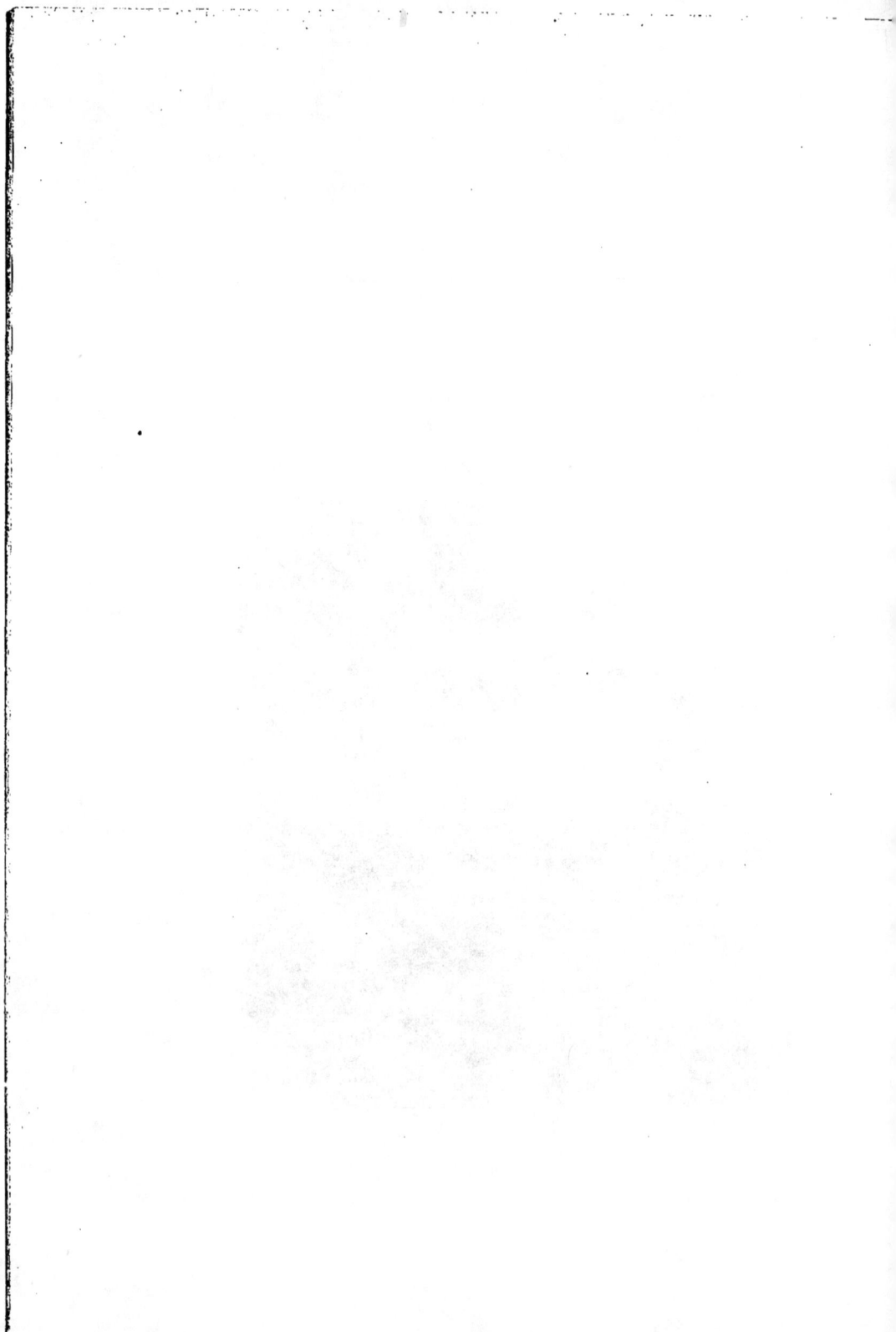

Le traquet que je suivais sur la lande de la Vicomté ne semblait nullement s'occuper de moi. Il sautillait sur les ajoncs et sur les houx, tout en continuant de gazouiller et de battre des ailes. Il me mena ainsi fort loin, s'arrêtant comme pour m'attendre, puis repartant dès que j'arrivais à sa portée. — Au-dessus de nous, le ciel marbré de blanc et de bleu laissait filtrer une blonde lumière sur la lande. Au-delà des pâtis, par-dessus les frondaisons des hêtres rebroussés et rasés comme à la serpe par le vent de la mer, je voyais la Rance bleuissante, et sur l'autre rive, le dôme ardoisé d'une église de Saint-Servan, la tour du Solidor, les villas blanches dans la verdure, puis, derrière un mamelon rocheux, le svelte clocher de Saint-Malo; tout au fond enfin, la mer glauque, moutonnante, semée de rochers bruns, et sur laquelle fuyaient des voiles. J'écoutais ce petit oiseau solitaire, qui fredonnait sa courte chanson au milieu de cette immensité, et j'éprouvais une sensation de joyeuse sérénité en présence de ces grandes étendues silencieuses de ciel, de terre et d'eau, animées seulement par la compagnie et le sourd gazouillement de ce petit être à la fois sauvage et familier. J'enviais la vive légèreté de cet oisillon. Je le regardais voltiger au-dessus des ajoncs où les vaches broutaient, enfoncées jusqu'au poitrail. Tout l'entourage semblait vivre avec la placide insouciance des êtres et des choses qui ont la certitude de revoir demain le même spectacle qu'hier, et de se mouvoir lentement dans le même cercle d'occupations monotones et douces.....

Tout à coup le traquet fila d'un vol plus rapide et plus allongé, dans la direction de la rivière; je le distinguai comme un point noir sur le bleu de l'eau, puis je le perdis de vue et je restai seul sur la lande verte, en face de la mer qui montait avec un murmure doux comme un chant de nourrice.

LA SITTELLE ET L'ÉPEICHETTE

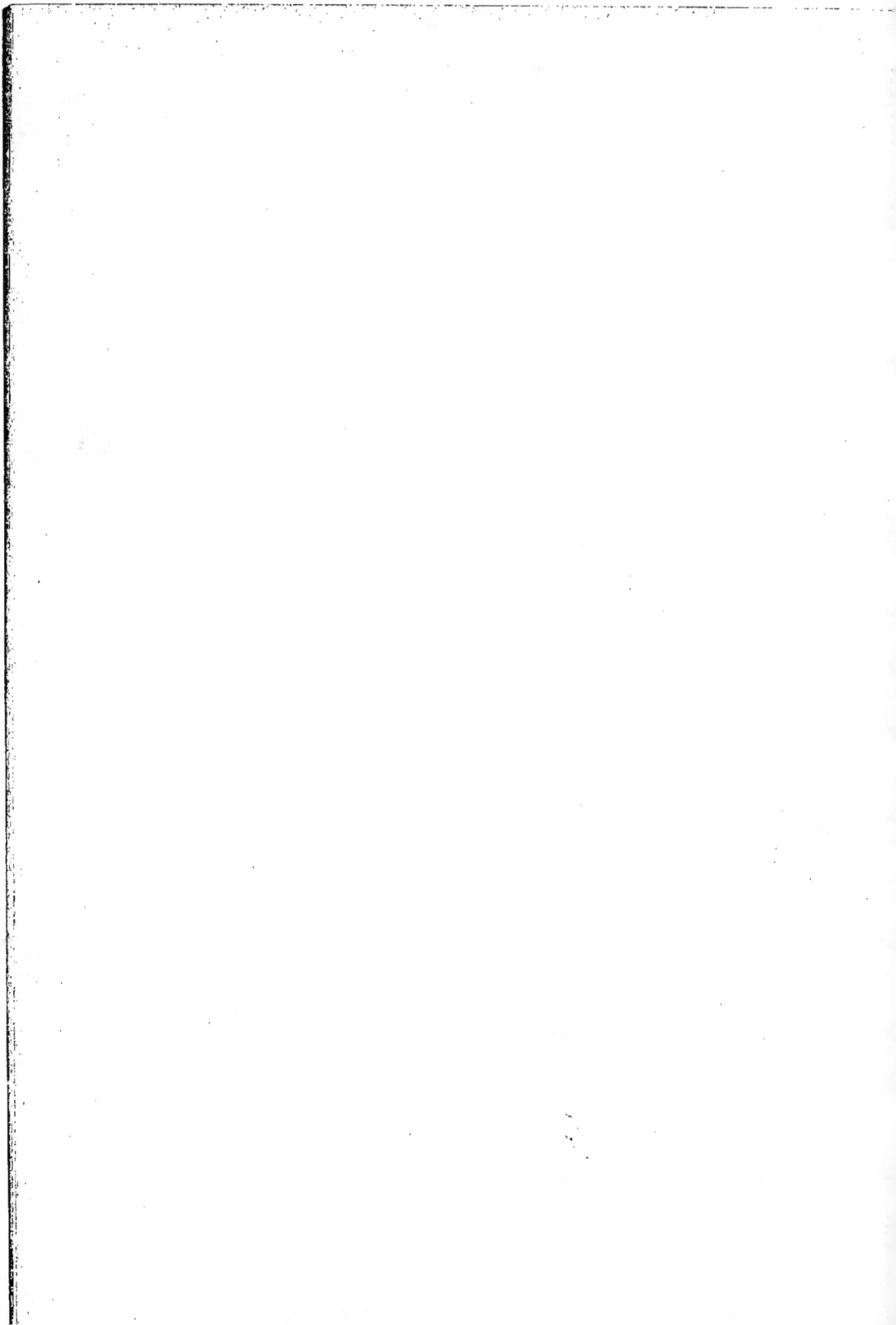

LA SITTELLE

Viens dans la forêt obscure,
  Nous deux tout seuls,
Sous l'odorante ramure
  Des grands tilleuls.

L'ombre verte au loin s'allonge ;
  Un rayon clair
S'y baigne... Il semble qu'on plonge
  Dans une mer.

Tac ! tac !... Dans ce froid silence
  Un bruit léger,
Tac ! tac ! revient en cadence
  Et fait songer.

Au creux de quelque cépée
  Trop à l'étroit,
On dirait qu'une napée
  Heurte du doigt.

Tac ! tac ! tac !... C'est la sittelle
  Au bec d'acier,
Qui chasse aux vers et martelle
  Un vieux sorbier.

LA SITTELLE ET L'ÉPEICHETTE

Dans les beaux jours d'été, si vous vous êtes reposé au cœur de quelque grand massif forestier, vous avez dû assister à l'amusante gymnastique de ces oiseaux qui composent le groupe des *petits grimpeurs :* — l'épeichette, la sittelle, le grimpereau, — et j'y ajouterais volontiers le pouillot et les mésanges si je ne leur réservais un article à part. — Au loin, dans le silence solennel de la futaie, on entend les cris aigus et les retentissants coups de becs des *grands grimpeurs:* — le pivert, le pic noir et l'épeiche. — Le menu peuple, lui, fait moins de tapage et peut-être plus de besogne. Il se borne à pousser de petits cris de rappel, en courant le long des branches et en détruisant un nombre incalculable de chenilles, de larves et d'œufs d'insectes.

L'épeichette ou petit épeiche a les couleurs les plus vives. Son plumage grivelé de blanc et de noir est relevé au sommet de la tête par une tache d'un rouge pur. Elle est à peine de la taille d'un moineau. Comme le grand pic épeiche, elle possède les principaux caractères distinctifs de l'espèce des hardis grimpeurs : — le bec dur, l'ongle postérieur long et mobile, la queue aux pennes rudes et assez fortes pour lui servir de point d'appui, quand, se tenant à la renverse, elle redouble ses coups de bec.

Elle ne monte pas très haut et se borne à circuler autour des troncs d'arbres avec une merveilleuse agilité. A la belle saison, elle niche dans les trous que l'humidité creuse à la fourche des branches. Souvent elle dispute ce gîte à la mésange charbonnière, qui, n'étant pas de force, se trouve obligée de déguerpir devant le pic au bec et aux ongles redoutables. Comme l'épeiche, la femelle de l'épeichette pond dans ce nid rudimentaire trois œufs blancs qu'elle fait éclore sur un lit de poussière de bois. Elle n'émigre pas. En hiver, on la voit se rapprocher des maisons et fréquenter les vergers dont elle épluche avec soin les arbres fruitiers. Ce métier de fureteuse et d'éplucheuse développe chez elle la prudence et l'ingéniosité. Elle a un caractère rusé et méfiant. Sous bios, on l'aperçoit difficilement ; dès qu'elle pressent l'approche d'un intrus, elle se tient immobile derrière son tronc d'arbre, et c'est à peine si l'on entrevoit un coin de sa tête où brille un œil malicieux. Quand elle va boire, elle arrive toujours sans bruit, et jamais d'un seul vol, aux environs de la mare. Elle descend d'arbre en arbre jusqu'à l'eau, tournant à chaque instant la tête comme un voleur qui a fait un mauvais coup et qui craint d'être épié.

La sittelle a été souvent confondue dans le groupe des pics, encore qu'elle en diffère sous plusieurs rapports. En Lorraine, on l'appelle *pic-maçon*, et dans d'autres provinces *pic-bleu* ou *cendrille*. Elle a le bec solide des pics, mais elle n'en a pas la queue raide ; la sienne est mobile comme celle des lavandières, ce qui lui donne une allure bien plus élégante et plus souple. Elle est de la même taille que l'épeichette et a, comme elle, les pattes armées d'ongles très crochus. Le mâle a une bellee couleur bleu cendré sur la tête, le dos et la queue ; sa gorge et ses joues sont blanchâtres, sa poitrine et son ventre sont orangés ; les ailes brunes, bordées de gris foncé. Le bec est en fer d'alène, arrondi, droit, résistant comme de l'acier forgé ; aussi la sittelle peut marteler à grand bruit l'écorce des arbres, et quand elle tient une noisette entre ses pattes elle la perce facilement de part en part, ce qui lui a valu chez les Anglais le surnom de *nut-hatch* (casse-noisette).

Elle court sur les branches en tous sens, et souvent
la tête en bas, en quête de chenilles et de chrysalides.
Elle se tient ordinairement au fond des bois, où elle mène
une vie laborieuse et solitaire. C'est un oiseau silencieux.
Le seul cri qu'il prononce en poursuivant les insectes est
un léger murmure · *ti ! ti ! ti !...* Parfois, introduisant
son bec dans une fente de l'écorce, elle produit un son
singulier, très éclatant, comme si elle voulait effrayer
le gibier qu'elle pourchasse et profiter de son désarroi
pour le surprendre plus sûrement. Au printemps, le
mâle a un chant tout spécial de rappel : *guiric, guiric !*
souvent répété et au moyen duquel il assigne des ren-
dez-vous d'amour à la femelle.

Dès que l'accouplement a eu lieu, les deux époux
travaillent ensemble à l'arrangement du nid, qu'on établit
dans un trou d'arbre. Si l'ouverture est trop large, les
sittelles la rétrécissent avec de la terre grasse, qu'elles
gâchent adroitement, en solidifiant l'enduit par un mélange
de petits cailloux, et c'est de là que leur est venu le nom
de *pic-maçon* ou *torche-pot*. Dans ce nid obscur, la femelle
pond cinq ou six œufs grisâtres pointillés de roux. Elle
les couve assidûment, tandis que le mâle va chercher
pâture pour toute la maisonnée. Les petits éclosent en
mai, et dès qu'ils sont assez forts pour se sustenter eux-
mêmes, la famille se sépare. « Les paysans ont observé,
dit Belon, que le mâle bat sa femelle quand il la trouve,
lorsqu'elle s'est départie de lui, dont ils ont fait un

LA SITTELLE

proverbe pour un qui se conduit sagement en .ménage,
qu'il ressemble à un torche-pot. » — Dans l'opinion du
vieux naturaliste, les meilleurs ménages seraient ceux
où la femme aime à être battue. — Quoi qu'il en soit,
la vie de famille chez les sittelles ne paraît pas se
prolonger très longtemps après la couvée. Quand vient
l'automne, chacun tire de son côté. Si l'on se rencontre
plus tard sous les noisetiers, on ne se reconnaît plus et on
se dispute à coups de bec la possession d'une amande
fraîche.

Le grimpereau est plus petit encore que la sittelle ; il
a presque la taille d'un roitelet et il en a aussi l'extrême
agilité. Vêtu de gris et de roux, il a la gorge d'un blanc
pur et la tête un peu rembrunie. Il réside toute l'année
dans le pays où il est né, loge dans un trou d'arbre,
y établit sa couvée, et passe sa journée à éplucher la
mousse et les fentes de l'écorce. Il court sur les branches
avec tant de vélocité, qu'on le confond avec le troglodyte
C'est un merveilleux gymnaste, un industrieux écheniller,
qui devrait être révéré par tous ceux qui s'adonnent à
la sylviculture. Il visite un arbre branche à branche,
vivant autour des tiges feuillues, retournant chaque feuille,
l'explorant, la tête en bas et dans toutes les positions
imaginables. C'est ainsi qu'il trouve dessus et dessous,
dans les moindres fissures des brindilles, les larves et
les mouches dont il fait sa nourriture exclusive.

Tous ces petits grimpeurs aux mouvements rapides,

à la voie discrète, sont la vie des grands massifs forestiers, où ne pénètrent guère les oiseaux chanteurs. Ils
animent les profondeurs des bois. Leurs mouvements
légers s'harmonisent avec le craquement des branches,
le frôlement des feuilles, le susurrement des sources
dans la mousse, le sourd bourdonnement des insectes ;
avec les mille menus bruits de la forêt qui, sous son
apparence silencieuse, n'est cependant jamais muette.

L'ALOUETTE

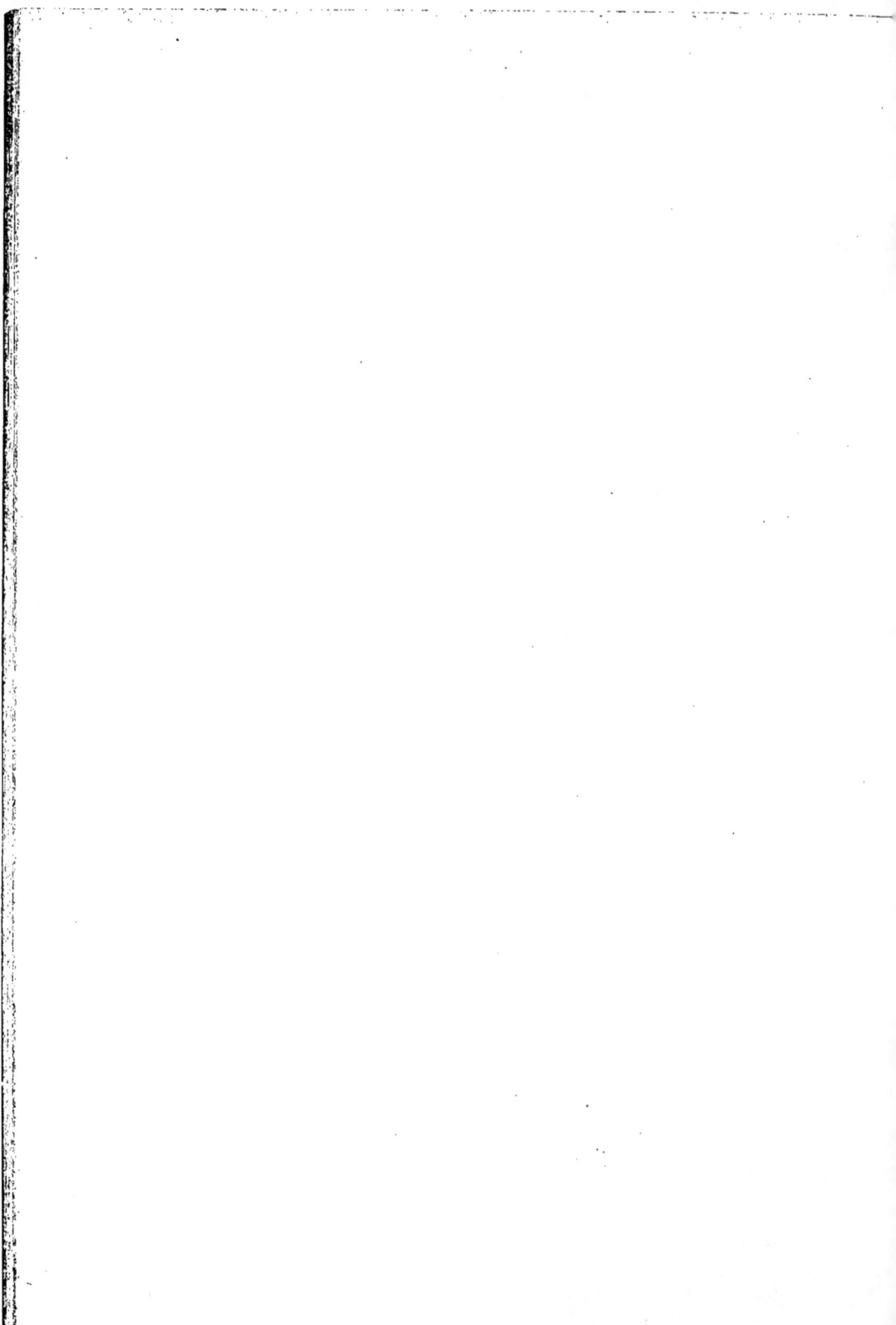

L'ALOUETTE

Alouette, gente alouette,
Musicienne de l'été,
Du haut du ciel, dans la clarté,
Tu fais pleuvoir sur la terre muette,
Pleuvoir des perles de gaîté.

Ayant pris le ciel pour cible,
Comme un trait tu pars à travers
La brume grise, et dans les airs
Toujours plus haut tu planes invisible
Sur les pâtis et les blés verts.

Joyeuse alouette chantante,
Dans le bleu profond, calme et pur,
Tu n'es guère qu'un point obscur ;
Mais tu remplis de ta voix éclatante
Les vastes plaines de l'azur.

L'ALOUETTE

A l'époque où j'avais vingt ans et
où je vivais en province, nous avions
loué à trois ou quatre un petit bois
situé à une demi-lieue de la ville,
avec un jardin attenant, où nous avions
la prétention de faire de l'horticul-
ture. Nous nous y donnions rendez-
vous, dès le matin, en été, et là,
bêchant, arrosant, sarclant, nous dé-
pensions en travaux manuels le trop-plein
de notre jeunesse exubérante et inoccupée. Quelquefois
nous passions la journée sous bois et nous nous y atta-
blions de bon appétit autour d'un gigot rôti à la ficelle.

Un soir, à la suite d'un de ces dîners en plein air, je
résolus d'achever ma nuit sous la feuillée et je m'instal-
lai dans un hamac suspendu aux traverses du chaume
qui nous servait de salle à manger. Je m'y endormis
vers onze heures. La nuit était tiède, embaumée de
l'odeur des pins qui entouraient le chaume ; à travers les
branches frissonnantes et mélodieuses, mes yeux cligno-
tants distinguaient les points d'or des étoiles qui four-
millaient dans le ciel ; ma chambre à coucher était on
ne peut plus confortable et je fis un bon somme tout
d'une traite jusqu'aux premières lueurs grises de l'aube.
La fraîcheur qui se dégage des bois au lever du soleil
me réveilla ; je me jetai hors du hamac et je me mis à
marcher pour rendre un peu d'élasticité à mes membres
engourdis.

Le taillis était encore silencieux. Sur les feuilles et
sur les brins d'herbe une fine rosée perlait en menues
gouttelettes, et les toiles d'araignées tendues au travers
des ronciers en étaient comme diamantées. — Arrivé à
l'orée du bois, je fus soudain égayé par une musique ra-
gaillardissante qui semblait tomber des hauteurs du ciel
d'un gris perle. Dans toute l'étendue de la plaine qui
ondulait devant moi, des centaines d'alouettes s'élan-
çaient hors des sillons d'orge et d'avoine et montaient,
en décrivant de courtes spirales, vers l'azur légèrement
embrumé. Je voyais leur petit corps brun s'élever en battant des ailes le long de cet escalier aérien, puis tout à

coup scintiller dans un rayon de soleil et se perdre dans
les hauteurs du ciel bleu. Je ne les distinguais plus, mais
leur chant aux notes claires, vives, cristallines, retentissait toujours. On eût dit que les espaces bleus eux-mêmes
devenaient mélodieux et chantaient. De temps en temps
une alouette se laissait tomber du haut de la nue, avec la
rapidité d'un fil à plomb qui se déroule, et, arrivée à un
pied du sol, faisait un crochet pour s'aller tapir dans un
sillon. Une autre repartait en gazouillant, et, tout le
temps, de la plaine grise au ciel azuré, c'était un va-et-
vient de voix sonores et d'ailes palpitantes.

Jamais musique d'oiseau ne me donna de sensations
plus fraîches et plus délicieuses que cette réveillante
aubade, et depuis cette matinée dans les bois, je me mis
à aimer les alouettes.

Ce sont d'infatigables musiciennes. Les autres oiseaux
ne chantent guère que deux mois par an, à l'époque du
renouveau ; elles, au contraire, ne se lassent pas de char
mer les espaces aériens. D'avril à octobre, elles ne ces-
sent de se faire entendre. A terre, elles sont muettes, mais
dès qu'elles prennent leur essor, elles deviennent mélodieuses. Plus elles s'élèvent, plus leur voix acquiert de
puissance. On dirait que la lumière les met en verve et les
inspire. Ce n'est pas en effet, comme pour beaucoup d'oiseaux chanteurs, l'amour seul qui développe leur voix ;
leur chanson se prolonge, après les couvées, jusqu'aux
derniers jours de l'arrière-saison. Guéneau de Montbeil-

lard pense que les alouettes ne chantent ainsi que pour s'appuyer les unes aux autres et se croire assez fortes par leur réunion pour éloigner les oiseaux de proie. — L'explication est ingénieuse, mais elle me satisfait peu. Je sais bien que les enfants et les poltrons, lorsqu'ils passent de nuit par les bois, chantent pour se donner du courage. Toutefois j'ai trop bonne opinion de l'intelligence des alouettes pour les croire capables d'user de ce procédé par trop enfantin. Chanter à tue-tête, même en compagnie, me paraît un moyen peu pratique de détourner l'attention des gerfauts et des émouchets. J'aime mieux supposer que le grand air et le soleil, grisant les alouettes, surexcitent leurs dispositions musicales. C'est, du reste, le mâle surtout qui chante pour appeler l'attention des femelles ; lorsqu'il a découvert celle qu'il recherche, il se précipite et s'accouple avec elle.

Celle-ci, dès qu'elle est fécondée, bâtit son nid entre deux mottes de terre et le garnit intérieurement d'herbes sèches. Elle y pond quatre ou cinq œufs tachés de brun sur fond gris, qu'elle couve rapidement. Les petits sont à peine emplumés qu'ils sortent déjà du nid et rôdent par les sillons, sous la conduite de la mère, et cette promptitude trompe souvent les dénicheurs de couvées. Cette facilité avec laquelle les jeunes alouettes quittent leur nid après l'éclosion n'avait pas échappé à La Fontaine. Bien qu'on en ait dit, le bonhomme était fort exact observateur des choses de la nature. Dans la fable de

L'ALOUETTE

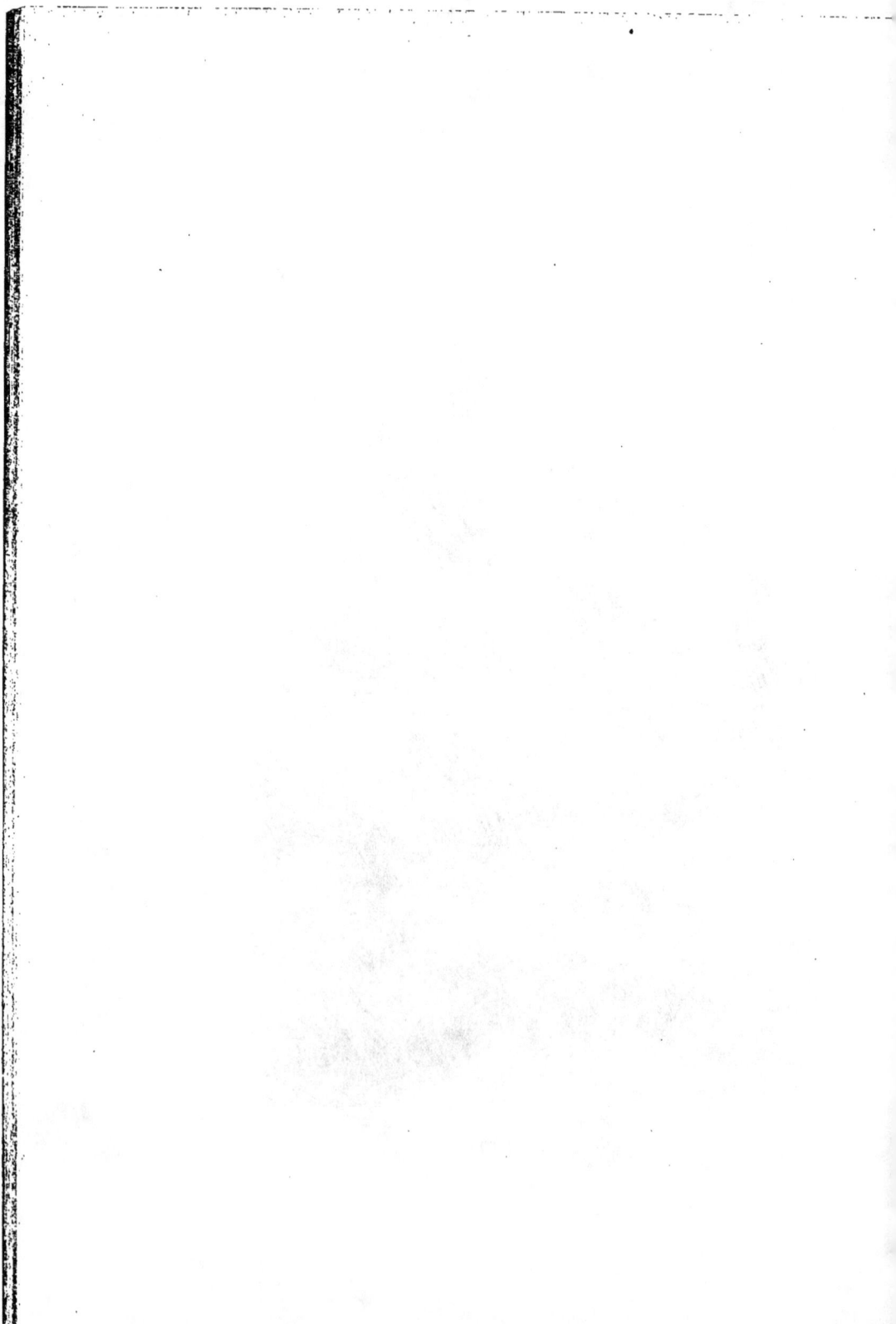

l'Alouette et ses Petits, il est resté fidèle à la vérité en parlant de la rapidité avec laquelle la mère

> Pond, couve et fait éclore
> A la hâte...

et l'assurance avec laquelle cette mère ordonne à ses enfants de « déloger tous sans trompette », dès que le maître du champ annonce ses dernières intentions à son fils, est justifiée par l'observation fidèle des mœurs éducatrices de l'alouette.

Tandis que les petits trottinent entre les chaumes, la mère voltige au-dessus d'eux avec une sollicitude constante. Elle les nourrit de vers, de chenilles, d'œufs de fourmis et de sauterelles. C'est le régime du premier âge, car, dès qu'ils sont adultes, ces oiseaux deviennent granivores et font surtout leur nourriture de matières végétales. En été, saison de l'amour, des chansons et des grandes envolées en plein ciel, les alouettes sont maigres ; elles se rattrapent en automne où elles sont plus souvent à terre, et mangeant à toute heure, deviennent grasses et dodues.

Aussi est-ce le moment critique de leur existence, le moment où l'homme leur fait la guerre et les décime. Chasse au miroir, chasse au filet, tous les moyens lui sont bons pour détruire ces charmants oiseaux, qui, en leur qualité de mangeurs d'insectes, rendent pourtant de signalés services à l'agriculture. Les chasseurs, à la vérité, prétendent que ce sont aussi des mangeurs de grains ; mais cette accusation n'est qu'un mauvais prétexte pour rôtir sans remords des milliers d'oisillons à la broche. Si l'on n'y met ordre, ce carnage, qui augmente chaque année, détruira l'espèce entière, et tout d'un coup la joyeuse musique des alouettes ne retentira plus dans les airs. L'impitoyable paysan, le *durus arator* lui-même, s'étonnera de ce silence de la plaine, et il regrettera l'oiseau français par excellence, dont l'allègre chanson charmait les rudes travaux du labour et des semailles.

LE ROSSIGNOL DE MURAILLE
ET LA GORGE-BLEUE

LE ROSSIGNOL DE MURAILLE

Sur la ronce et la broussaille
Le rossignol de muraille
    Fait son nid,
Au porche d'une masure,
Dans un trou de l'embrasure
    De granit.

Sur la toiture écroulée
Où jaunit la giroflée,
    Sa chanson
Vers les saules du rivage
Monte avec l'odeur sauvage
    Du buisson.

Craignant l'homme et sa traîtrise,
Il vous fuit et vous méprise,
    Oiseleurs,
Dans la sûre quiétude
De sa verte solitude
    Tout en fleurs.

LE ROSSIGNOL DE MURAILLE

ET LA GORGE-BLEUE

Bien qu'ils diffèrent de couleur, ces deux oiseaux ont plus d'un point de ressemblance : tous deux sont de jolis chanteurs, au bec fin, au gosier délié, à l'œil vif et doux ; tous deux sont des solitaires fuyant le bruit et aimant la vie intime ; ils nous arrivent avec le printemps et émigrent à l'automne.

Le rossignol de muraille, qu'en certains pays on nomme *rouge-queue*, est de taille plus menue que son cousin le rossignol ; il a la gorge, le cou et le tour des yeux noirs ; un bandeau brun lui couvre

le front; le dessus de la tête et le dos sont d'un gris
très foncé; le poitrail est d'un beau roux couleur de
feu, et cette nuance vive se reproduit sur tout le faisceau
des plumes de la queue, à l'exception de deux pennes
du milieu qui sont brunes. — Toutes ces teintes sont
plus faibles et très assourdies chez la femelle.

Ces oiseaux se montrent surtout dans les pays montueux et s'établissent de préférence dans des masures
abandonnées ou au sommet des édifices inhabités. Les
ruines les attirent; elles plaisent à leur humeur sauvage et mélancolique. Ils y trouvent des manteaux de
lierre, des touffes de ravenelles, des enchevêtrements
de ronces, sous lesquels ils peuvent nicher en paix.
Bien souvent, dans les environs du lac d'Annecy, en
gravissant les pentes rocheuses et escarpées qui mènent
à la *Tournette*, j'ai fait lever des couples de rouges-
queues qui se croyaient en pleine sécurité dans ces
solitaires bois de sapin, où l'on n'entend que le bouillonnement des torrents, et, tout au loin, le faible tintement
d'argent du *clairin* des troupeaux de vaches. — La ponte
de la femelle est de cinq ou six œufs bleuâtres. Le rossignol de muraille est d'un naturel soupçonneux. On
prétend qu'il abandonne son nid dès qu'il s'aperçoit qu'on
l'observe pendant le travail de la nidification. « Si l'on
touche à l'un des œufs, dit le naturaliste Albin, il abandonne la nichée; si on touche ses petits, il les affamera
ou les jettera hors du nid, et leur cassera le cou; ce

qu'on a expérimenté plus d'une fois. » — C'est ce qui explique le soin avec lequel le rossignol de muraille recherche pour son gîte les ruines croulantes des demeures désertées; là, du moins, il espère que les fâcheux ne viendront pas le déranger.

Si « les délicats sont malheureux, » les ombrageux sont plus à plaindre encore. Le rossignol de muraille n'a rien de la familiarité du rouge-gorge ni de la gaieté de la fauvette. Son caractère est foncièrement triste, et quelque chose de cette humeur chagrine passe dans son chant, qui semble toujours imprégné de tristesse, même dans la saison de l'amour et de l'accouplement. Pendant tout le temps de la couvée, le mâle se tient près du nid, perché sur une roche ou sur quelque pierre branlante, et, dès les premières heures du matin, il chante d'une voix douce avec des modulations variées qui ont un lointain rapport avec la mélodie du rossignol.

Il vit de mouches, d'araignées, de chrysalides et de petites baies sauvages. Vers le mois d'octobre, il émigre en traversant nos bois, et c'est alors qu'on prend une assez grande quantité de ces rouges-queues dans les *tendues* de mon pays. On a essayé, mais vainement, de les apprivoiser. Le rouge-queue adulte, mis en cage, se laisse mourir de faim ou s'enferme dans un silence obstiné. Les petits seuls, quand on les emprisonne tout jeunes, sont susceptibles d'être apprivoisés. C'est ce que prévoient sans doute les parents, et, dans leur haine

de la servitude, avec un courage de vieux Romains, ils
tuent impitoyablement ceux de leurs enfants qu'un doigt
profane a touchés, préférant les voir morts que desho-
norés par l'esclavage.

Bien qu'elle ait aussi des goûts solitaires, la gorge-
bleue est d'humeur moins farouche. Elle a les mêmes
habitudes et les mêmes instincts que son frère le rouge-
gorge. Elle ne diffère de ce dernier que par la tendre
couleur d'azur qui couvre toute sa gorge, à la même
place où l'autre porte un plastron d'un rouge orangé.
Au-dessous de cette gorgerette bleue cernée de noir,
le roux fauve reparaît chez les deux oiseaux ; les teintes
cendrées du dos, les nuances rousses des pennes de la
queue sont pareilles chez la gorge-bleue et le rouge-gorge.

Le mode d'habitation distingue seul les mœurs de
ces deux becs fins. Tandis que le rouge-gorge demeure
au fond des bois, les gorges-bleues se tiennent sur les
lisières, recherchent les prés humides, les berges maré-
cageuses où croissent à plaisir les oseraies et ces grands
roseaux si décoratifs, qu'on appelle des *massettes*. C'est
là qu'elles passent la belle saison, vivant deux à deux
et bâtissant leur nid dans des saules, ou parmi des touffes
d'osier. Elles ont pour l'eau le même amour que le rouge-
gorge, et se baignent fréquemment. On les rencontre
sur les rives limoneuses, cherchant leur pâture de vers
et d'insectes, et courant d'un mouvement preste, les
yeux en éveil et la queue en l'air.

LE ROSSIGNOL DE MURAILLE

La femelle niche en été et bâtit son nid avec des herbes entrelacées auxquelles des roseaux ou des brins d'osier servent le plus souvent de support. A l'époque des amours, le mâle s'élève en l'air en battant des ailes et en chantant. Il retombe en pirouettant avec la prestesse de la fauvette, et, toujours gazouillant, se balance sur la pointe d'un roseau. Son gazouillement est très doux pendant la saison de l'accouplement, mais il se transforme en un petit cri assez vulgaire, dès que ce temps est passé. Les jeunes sont d'un brun noirâtre tout d'abord ; la tendre nuance bleue de la gorge n'apparaît que plus tard après la première mue, et l'on prétend que, même chez les adultes, cette belle couleur s'efface dans l'état de captivité.

A mesure que l'été avance, les gorges-bleues se rapprochent des jardins et des vergers, où elles trouvent des fruits savoureux en abondance. Le voisinage de l'homme ne les effraye pas. Elles se familiarisent assez pour qu'on puisse les regarder et les admirer à loisir, tandis qu'elles becquètent les baies de sureau pour lesquelles elles ont un faible. Leur goût pour cette chair juteuse leur est fatal et elles sont souvent victimes de leur gourmandise. Les grappes mûres de sureau servent d'appât aux chasseurs à la pipée qui tendent leurs gluaux aux lisières des forêts. En Alsace et dans les Vosges, on prend ainsi les infortunées gorges-bleues, à l'époque des passages. Sans pitié pour leur gentillesse, sans égards

pour la rare nuance de leur poitrail, les tendeurs ajoutent
cette maigre proie au chapelet de rouges-gorges, fauvettes et verdiers, qu'ils destinent à la *coquelle*. C'est
en effet dans la *coquelle* de fonte que les chasseurs de
mon pays font frire avec des lardons ce délicat gibier
des « petits oiseaux », et en composent un rôti succulent
dont les gourmets se lèchent les doigts jusqu'au coude.

LE BOUVREUIL

LE BOUVREUIL

C'est un gourmand ; — le bec robuste.
L'œil clair et brun, l'œil d'un viveur
Qui s'y connaît et qui déguste
Un fruit à l'exquise saveur.

Le plaisir luit dans ses prunelles,
Quand il ressuie à quelque aubier
Son bec mouillé par les senelles
Et les grains juteux du sorbier.

Gras, rouge et noir, il a la mine
Béate et douce d'un prélat
Qui sort de table et qui rumine
L'arrière-fumet d'un bon plat.

Il chante, mais à voix légère,
Du fond du gosier, mollement,
Comme un délicat qui digère
En musique. — C'est un gourmand.

LE BOUVREUIL

Pendant un séjour d'hiver à la campagne, j'ai eu pour compagnon de solitude un bouvreuil. Il avait été pris dans le nid, à la fin du printemps précédent, et il avait eu le temps de s'acclimater à la servitude. La vie casanière n'avait nui ni à son développement ni à sa bonne humeur. Il était de la grosseur d'un moineau. Son bec épais, noir et dur, se recourbait légèrement, ses yeux à l'iris noisette avaient une expression aimable, et les couleurs de son plumage étaient fort vives. Le dessus de la tête, le tour du bec et la naissance du cou étaient d'un beau noir lustré, sur lequel

12

tranchait le rouge de la gorge, de la poitrine et du haut
du ventre ; la nuque et le dos avaient des teintes
cendrées qui faisaient ressortir le violet clair des ailes
tachetées de rouge, et le violet foncé des pennes de la
queue.

Il était gai et avait de remarquables dispositions pour
le chant. Dans l'état de liberté, le bouvreuil est un
médiocre chanteur ; il n'a guère que trois notes : un
sifflement très pur, puis un ramage presque enroué et
dégénérant en fausset ; mais le brave paysan qui s'était
chargé de l'éducation du mien lui avait appris à force
de patience à filer des sons plus moelleux et plus variés.
Mon oiseau donnait à ses petites phrases musicales un
accent pénétrant, une expression attendrie, qui char-
maient ma solitude et me la rendaient chère. L'hiver
était rude. Tantôt la neige, tourbillonnant contre les
vitres, s'y tassait en bourrelets blancs ; tantôt le vent
d'ouest et la pluie faisaient rage contre les portes et les
fenêtres. Le bouvreuil et moi nous n'en avions cure. Un
bon feu flambait dans la cheminée ; j'avais une ample
provision de livres, et lui, du chènevis, de la salade
et du biscuit en abondance ; nous passions de bonnes
journées dans un étroit cabinet de travail aux solives
enfumées, aux murs blanchis à la chaux.

Sauf aux heures du coucher ou du repas, mon compagnon ne restait guère derrière les barreaux. La porte
de sa cage était toujours ouverte, et il en profitait pour

vagabonder en chantonnant à travers la chambre. Tantôt il se perchait sur la flèche de mon lit, tantôt il se posait devant la fenêtre, très curieux de ce qui se passait au dehors. — Dans la rue boueuse et neigeuse, un paysan allait et venait en faisant claquer ses sabots : — une charrette filait en éclaboussant les carreaux, et l'on distinguait entre les ridelles deux ou trois paysannes accroupies sous des parapluies de cotonnade bleue ; — ou bien des enfants sortaient de l'école, menant grand tapage et pataugeant dans les flaques d'eau. — Le bouvreuil regardait tout cela avec de jolis dodelinements de tête, et parfois marquait son intérêt par de légers *tui! tui! tui!* qu'il tirait du fond de son gosier. Parfois aussi, tandis que j'étais plongé dans ma lecture, il voletait autour de moi et finissait par se poser sur ma tête nue, où il prenait plaisir à ébouriffer mes cheveux.

Le soir, je sortais pour dîner et ne rentrais d'ordinaire qu'assez tard. En m'entendant rouvrir la porte, le bouvreuil se réveillait et ne manquait pas de saluer ma rentrée par un petit gazouillement fort doux. Cela avait presque l'air d'un reproche amical. On eût dit qu'il me tançait affectueusement d'être resté si tard dehors et de l'avoir délaissé si longtemps. Puis, m'ayant dégoisé tout ce qu'il avait sur le cœur, il remettait sa tête sous son aile, je me déshabillais et nous nous endormions tous deux d'un profond sommeil ; mais le len-

demain, dès le petit matin, j'étais éveillé à mon tour
par une aubade de mon gai compagnon qui semblait
m'inviter à me lever pour allumer le feu et regarnir
sa mangeoire.

Nous passâmes ainsi fort agréablement tout l'hiver,
puis mars et ses giboulées fondirent la neige ; les premières violettes fleurirent dans le jardin, avec les crocus
et les hépatiques, et l'on commença à rouvrir les fenêtres pour humer les premières tièdes bouffées d'air
printanier.

C'était la saison où, dans nos bois montueux, les
bouvreuils sauvages commencent à voleter deux à deux.
Ils s'accouplent en avril et nichent sur les buissons.
Le nid est de mousse au dehors, de plume au dedans,
et la femelle une fois fécondée y dépose cinq ou six
œufs d'un blanc bleuâtre taché de violet. Quand les
petits sont éclos et suffisamment emplumés, le père et
la mère les conduisent à travers le pays, tantôt dans
les vignes en fleurs, tantôt dans les vergers pleins de
cerises, ou au long des lisières de bois. Toute la famille
vagabonde ainsi jusqu'à l'arrière-saison, picorant dans
les épis, se gavant de prunelles, de mûres et de cornouilles, ébourgeonnant les trembles, les aulnes et les
sorbiers, sifflant, s'appelant et se répondant, se grisant enfin de grand air et de soleil...

Je ne sais si mon bouvreuil mâle avait en son par
dedans un vague pressentiment de toutes ces choses,

LE BOUVREUIL

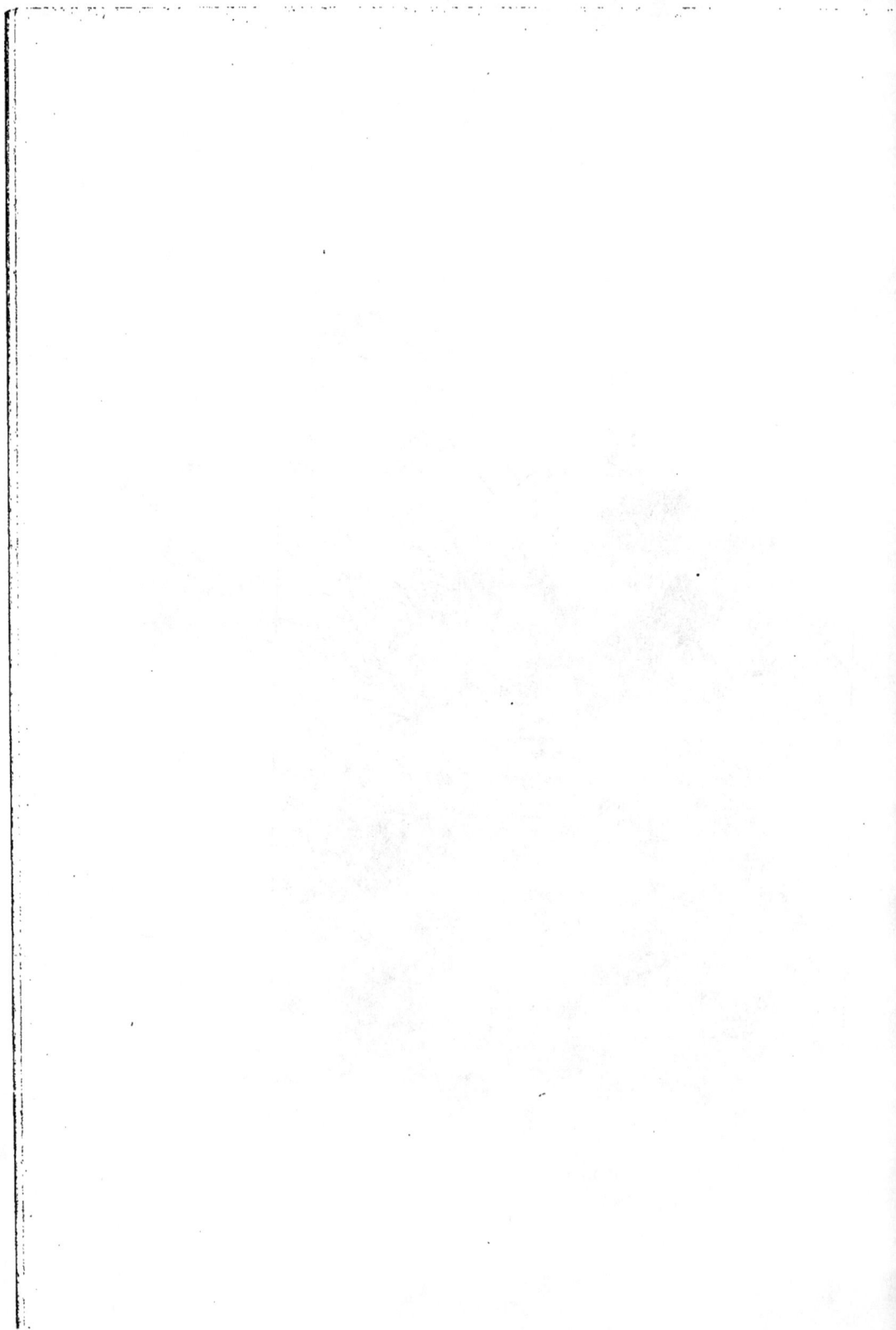

mais à mesure qu'avril verdoyait et que l'air se réchauf-
fait, il devenait plus inquiet et plus turbulent. Il délais-
sait plus volontiers sa cage, voletait impatiemment par
la chambre, s'accrochait à la croisée et donnait de
légers coups de bec contre la vitre.

Un mystérieux instinct lui parlait sans doute des
buissons bourgeonnants, et des libres bouvreuils qui
faisaient œuvre d'amour au soleil. Il était sans goût
pour sa nourriture; bien qu'il fût très gourmand d'ordinaire, il dédaignait absolument le chènevis et les bis-
cuits dont sa cage était pourvue. Il n'avait plus qu'un
objectif : — la fenêtre ; — il y passait des heures
entières à regarder, rêver, les arbres qui secouaient
au vent leurs feuilles nouvelles, au-dessus du mur d'en
face.

Puis de nouveau, pris d'une sorte de frénésie, il
se remettait à becqueter la vitre, avec de petits cris
qui semblaient dire : « Ouvre-toi donc! ouvre-toi donc ! »

Un beau matin trouvant la croisée entre-bâillée, il
s'envola pendant que j'avais le dos tourné.

Ébloui d'abord par la pleine lumière et peu habitué
au grand air, il n'alla pas très loin. A vingt pas de
la maison, il y avait un gros fumier jaune et brun, où
grattaient une dizaine de poules. Ce fut là qu'il s'abat-
tit pour faire un premier usage de sa liberté, et buti-
ner dans ce terreau peuplé de vers. Mais il avait
compté sans l'humeur intolérante et hargneuse des

poules. A la vue de l'intrus qui venait marauder sur leurs terres, ces maîtressses commères se fâchèrent tout rouge. En un clin d'œil, l'infortuné fut entouré, houspillé, criblé de coups de bec.

Penché à la croisée, j'avais suivi des yeux le fuyard et compris le danger. Enjambant la fenêtre, j'accourus, mais trop tard... Meurtri, déplumé et sanglant, mon petit compagnon gisait inerte sur le fatal fumier, tandis que ces harpies s'acharnaient encore du bec contre lui ; — et quand je parvins à le tirer de leurs griffes, mon pauvre bouvreuil était mort.

LA GRIVE

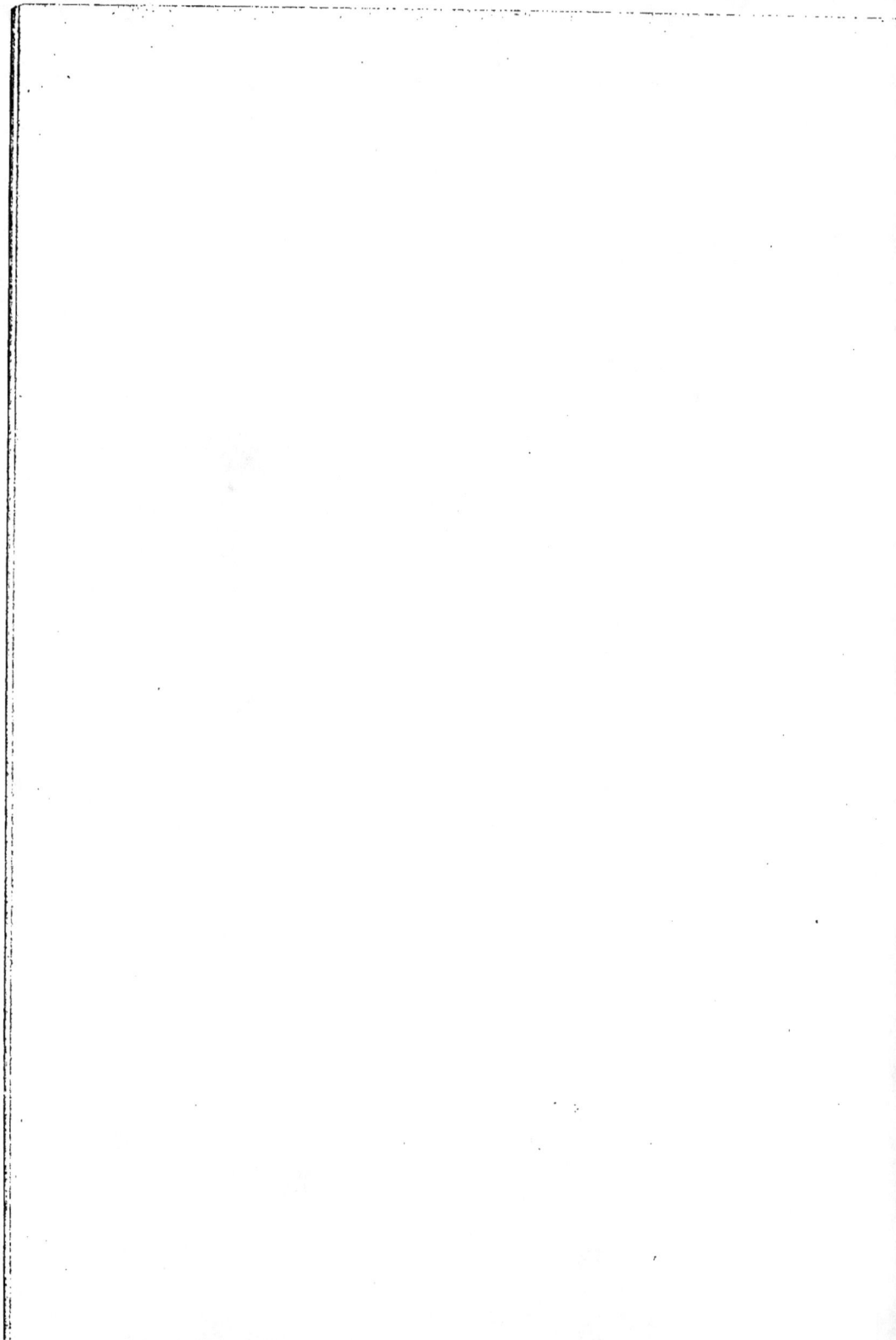

LA GRIVE

Voici le mois de fructidor.
  Le pays est en vendange ;
Les vignobles ont des tons d'or
  Mêlés de pourpre et d'orange.

La tête et les sens sont troublés
  Par les enivrants effluves
Qu'exhalent les raisins foulés
  Dans les pressoirs et les cuves.

Avec des rires tapageurs,
  Le long des sentiers de chèvres,
Vendangeuses et vendangeurs
  Se baisent à pleines lèvres.

Le bruit sonore et savoureux
  De ces galantes agapes
S'unit aux refrains amoureux
  Des oiseaux mangeurs de grappes ;

Et la grive, prête de choir
  Du cep et tout à fait grise,
Ameute autour de son perchoir
  Les geais qu'elle scandalise.

LA GRIVE

Il y aura cinq ans à la Notre-Dame de septembre, je descendais un chemin creux qui va de la Briantais à Saint-Jouan, — une de ces sentes bretonnes assez larges, très herbeuses, dont les talus se relèvent comme deux murs verdoyants et sont plantés de châtaigniers ou de chênes têtards. Les roues y ont creusé des ornières où l'eau séjourne longtemps et dans l'humidité desquelles s'épanouissent les fleurs roses de la petite centaurée. — Il pouvait être huit heures du matin, et, dans la fraîcheur embaumée de l'automne commençante, j'entendais au loin les cloches des paroisses tinter pour la messe, tandis que dans les genévriers de la lande des grives chantaient. En même temps un air chargé de senteurs salines, m'arrivant par-dessus les talus, me disait que la mer était proche et me ragaillardissait.

J'étais en train de franchir un échalier, quand des pas résonnèrent derrière moi et je fus rejoint par un promeneur matineux qui paraissait âgé d'une trentaine d'années. Vêtu d'un complet de drap bleu, coiffé d'un feutre rond, il avait la mine d'un propriétaire campagnard fort à son aise ; même sa toilette assez soignée détonait avec l'heure matinale, et ses traits tirés, ses yeux cernés, son nez en bec d'oiseau, pincé du bout, sa figure plombée sous le hâle, semblaient indiquer qu'il avait passé une nuit blanche. — N'étant pas très ferré sur la topographie locale, je profitai de la rencontre pour lui demander si je suivais bien le chemin de Saint-Jouan.

« Parfaitement, répondit-il, je vais moi-même dans cette direction et, si vous le voulez, je vous y conduirai par le plus court, car je rentre chez moi et j'ai hâte de me coucher... »

Il remarqua sans doute une expression de surprise dans mes yeux et il ajouta en souriant : « Cela vous étonne, que j'aille me mettre au lit à l'heure où les autres en sortent ?... Mais quoi ? J'ai passé ma nuit au Casino de Saint-Malo... La partie de baccarat a été fort animée et nous n'avons quitté le jeu qu'au petit jour. »

Je le regardai plus attentivement. Il avait en effet le facies d'un joueur : ses yeux gris brillaient d'un éclat fiévreux qui contrastait avec l'impassibilité du reste de la figure. Comme nous nous remettions en marche, une grive commença de chanter. Sa chanson aux notes graves, alternée de gazouillements légers et de vocalises aiguës, fit dresser la tête à mon compagnon.

« C'est la petite grive..., murmura-t-il, un joli oiseau, Monsieur! Elle se gargarise là-bas avec des baies de genièvre et cela lui assouplit la voix. J'aime à entendre sa chanson dans la lande... C'est un *fétiche*, elle me porte chance... Si je l'avais entendue hier en me rendant au Casino, j'aurais eu peut-être moins de déveine!... Au lieu de cela, je reviens avec une culotte complète... Heureusement, j'ai de *l'estomac* et je me rattraperai demain!... »

La grive continuait à lancer des fusées de notes rapides, et le joueur, debout sur le talus, s'était arrêté pour l'écouter :

« Je la connais, celle-là, soupira-t-il; elle a son nid sur les basses branches d'un chêne; je l'ai surprise l'autre soir en train de couver, car chez les grives, Monsieur, le mâle couve pour laisser reposer la femelle!... C'est un bon père de famille!... » Il poussa de nouveau un soupir comme un homme qui a la poitrine oppressée. « J'ai remarqué cette grive, continua-t-il, à cause de ses yeux noirs et de la couleur orange de ses ailes; ce sont les deux traits qui la distinguent du mauvis.... Au moment où je me penchais sur le nid, elle s'est envolée... J'ai eu tort de la déranger, cela ne m'a pas porté chance!... »

Nous étions arrivés en face d'une profonde avenue de hêtres, à l'extrémité de laquelle on apercevait la grille d'un château Louis XIII.

« Voici la route qui descend à Saint-Jouan, reprit mon compagnon, et me voici chez moi.. Serviteur, Monsieur! »

Nous nous séparâmes et je le vis s'enfoncer lentement sous la voûte encore obscure de la hêtraie — A Saint-Jouan, je questionnai l'aubergiste et j'appris que l'avenue des hêtres conduisait au château de la Crochais, appartenant à un certain M. de Trélivan.

La semaine d'après, au Casino, j'aperçus de nouveau le propriétaire de la Crochais. Il était assis à une table de baccarat et tenait la banque. Tout en donnant les cartes, il se mordait les lèvres et de petites gouttes de sueur perlaient à ses tempes. Un quart d'heure après, il passa la main, ramassa une pluie d'or et se leva Il me reconnut à son tour et s'approchant :

« Ça marche, murmura-t-il, je répare la brèche de l'autre nuit... Voyez-vous, le tout est d'avoir de *l'estomac*... Et puis, ajouta-t-il à mi-voix, j'ai entendu ce soir la grive dans la lande... Jamais sa chanson n'avait été si gaie... Joli oiseau, Monsieur!... En l'écoutant, je me suis

LA GRIVE

13

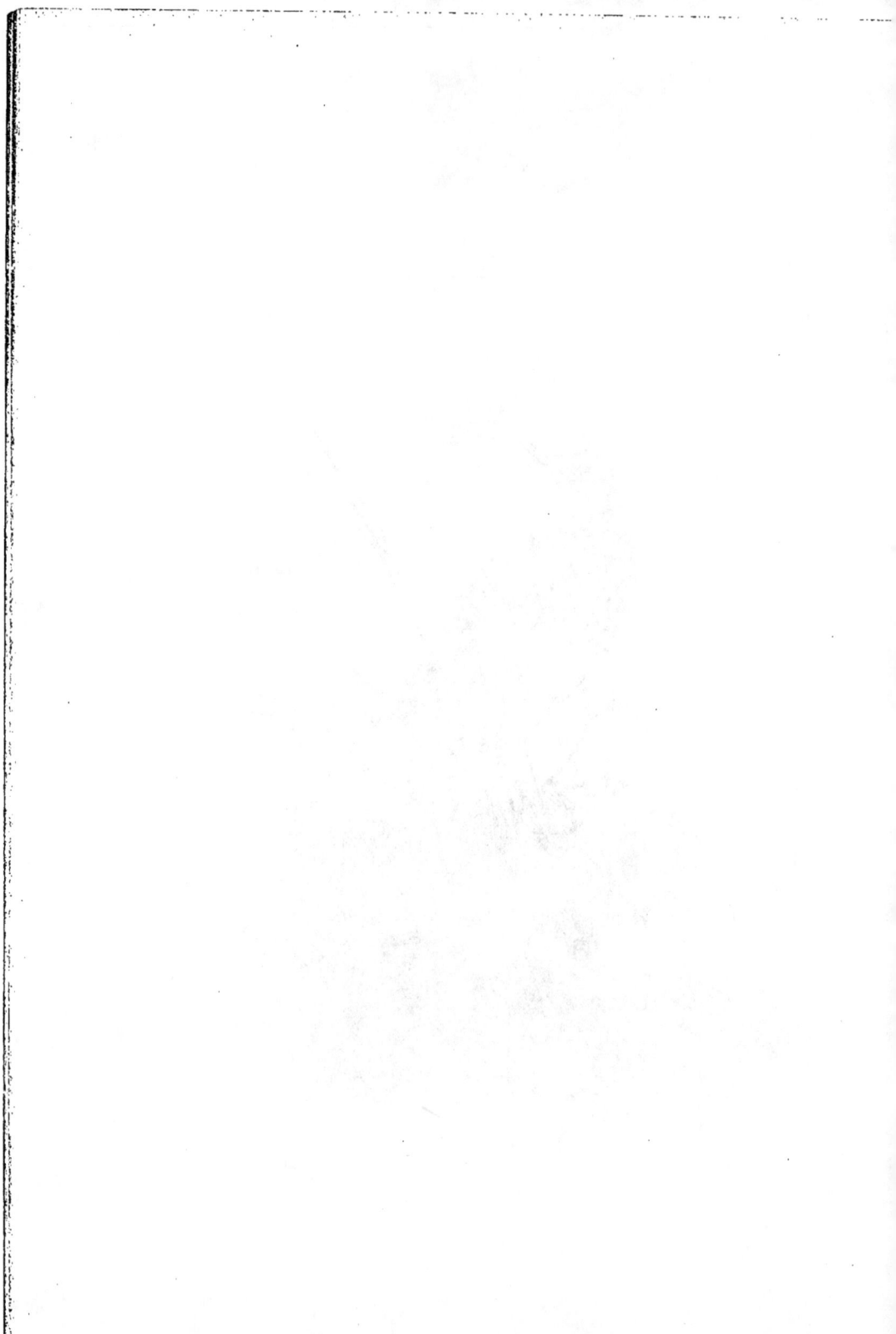

dit : « La soirée sera bonne ! » Et en effet, je ne suis pas
mécontent !... »

Je quittai Saint-Malo le lendemain. Je n'y suis revenu
que cette année, et l'autre jour, je me suis fait conduire
en voiture à Dinan par la rive droite de la Rance. En
route, l'un des boulons du brancard étant tombé, nous
fûmes obligés de faire halte dans une descente. « Heureusement qu'il y a un maréchal-ferrant à Saint-Jouan !
s'écria le conducteur ; d'ici-là, si c'est un effet de votre
bonté, nous irons à pied... Nous n'en avons que pour
cinq minutes... »

Saint-Jouan réveilla vaguement en moi un vieux souvenir ; je reconnus le paysage aperçu autrefois à la sortie
du chemin creux : — l'avenue des hêtres, les toits d'ar-
doises du château émergeant de la verdure luisante des
châtaigniers et la lande où justement les grives chantaient comme jadis. — A gauche de la route, dans un
renfoncement, je remarquai une croix de granit dressée
sur un tertre, au-dessus duquel des érables éparpillaient
déjà leurs feuilles à retroussis blanc. « Il y a quelqu'un
d'enterré ici ? demandai-je au conducteur.

— Oui... Le propriétaire de la Crochais, ce château
à main droite, un M. de Trélivan. » — Trélivan !... Le nom
acheva de me remémorer le passé. Je revis mon compagnon de route, grand, robuste, l'œil enfiévré, le nez au
vent, s'arrêtant sur la lande pour écouter le chant de la
grive.

« Il s'est brûlé la cervelle ici-même, Monsieur..., con-
tinua le cocher ; il jouait, voyez-vous, il venait de perdre
une grosse somme au Casino, et il avait femme et enfants... Un matin, en rentrant, il s'est assis là, en face
de son avenue, et paf ! une balle dans la tête... Quel dom-
mage ! Un homme superbe.... et si gai, quand il avait la
veine ! Des fois, quand je le conduisais à Saint-Malo, il
me faisait arrêter en route pour écouter chanter la grive...
Il prétendait que ça lui portait chance... Faut croire
qu'elle n'avait pas chanté ce matin-là !... »

L'HIRONDELLE

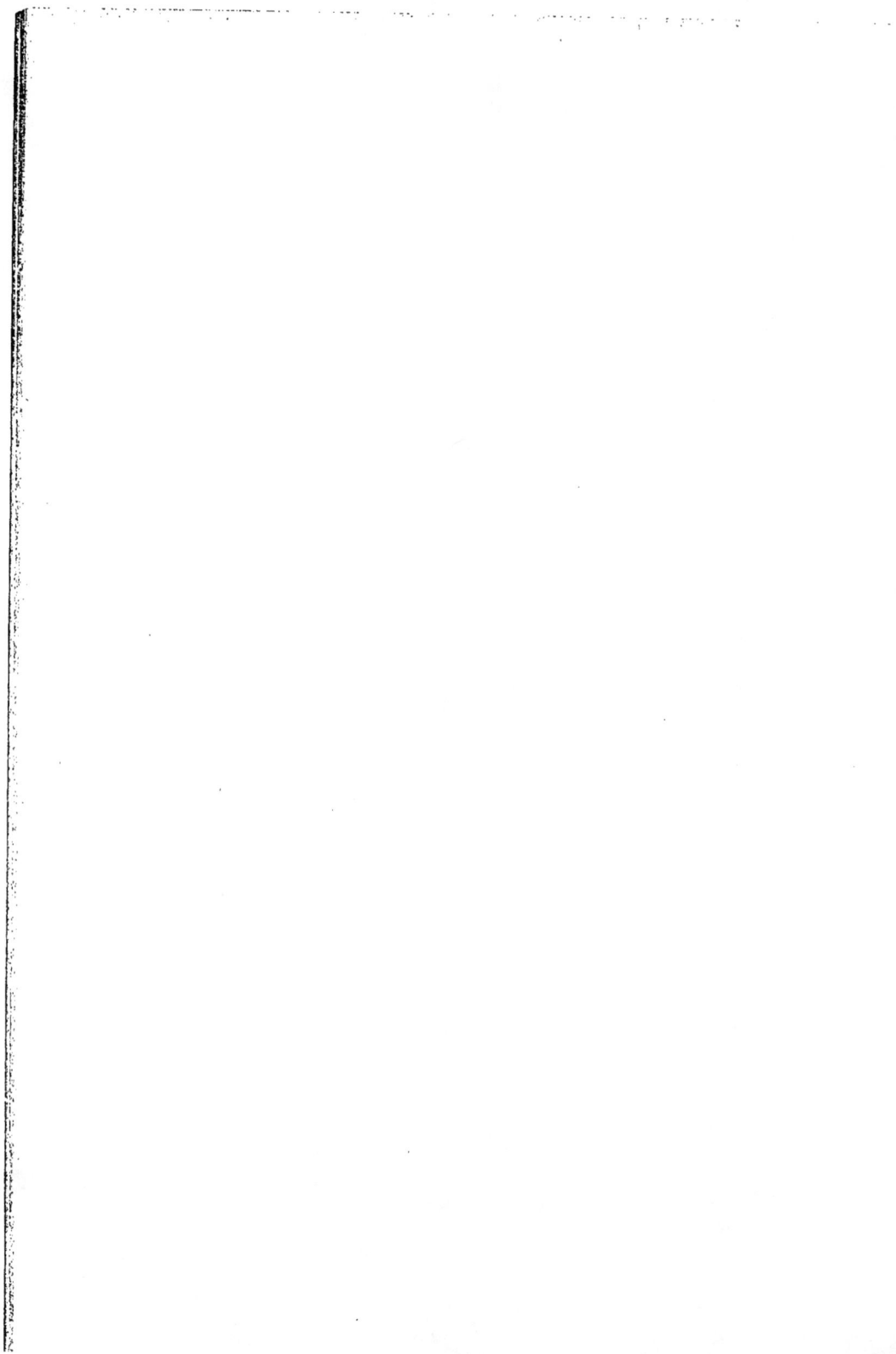

L'HIRONDELLE

Au réveil des vertes saisons,
La noire et rapide hirondelle
Revient vers le toit des maisons,
Comme une habitude fidèle ;

Et ponctuelle, au premier froid,
Rouvrant son aile infatigable,
Elle fuit d'un vol sûr et droit
Vers l'Égypte aux déserts de sable.

Nous assistons, l'œil attristé,
A cette fuite vagabonde
Et notre cœur est tourmenté
D'un désir de courir le monde.

Nous nous sentons comme en prison
Et nous suivons, l'âme songeuse,
Jusqu'aux confins de l'horizon
Le haut vol de la voyageuse.

L'HIRONDELLE

Je me souviens d'avoir assisté un soir au départ des hirondelles, — en province, — de la fenêtre d'une maison qui faisait l'angle d'une solitaire place de ma petite ville. L'un des côtés de cette place était occupé en entier par un vieil hôtel, dont les balcons, les corniches et les frises offraient de nombreux et commodes reposoirs aux futures voyageuses. — Depuis plusieurs jours j'avais déjà remarqué une agitation insolite parmi les hirondelles de notre quartier. Elles allaient et venaient dans le ciel, d'un air très affairé. Quelques-unes parcou-

13*

raient d'un trait toute la longueur de la rue, décrivaient
au-dessus des toits des quartiers voisins de longs circuits
en poussant des cris de rappel, puis reparaissaient à
l'autre extrémité, ramenant à leur suite de nouvelles
venues qui, pareilles à des sergents-fourriers, inspectaient
tous les coins et disparaissaient à leur tour. Chaque
matin, la troupe grossissait à vue d'œil. On eût dit
qu'on faisait une sorte de répétition des préliminaires
du départ, et que des messagères élues d'avance étaient
chargées d'indiquer à toutes les hirondelles de la ville
le lieu du rassemblement final.

Il est évident que ce départ collectif suppose, de la
part de ces oiseaux, des conciliabules particuliers et une
entente longuement préparée. Même en admettant certains pressentiments mystérieux, il serait absurde de
croire que l'instinct seul, — un instinct pour ainsi dire
mécanique, — peut amener à la même heure et au même
endroit les hirondelles d'un canton. Un pareil dépla-
cement de toute une population d'oiseaux ne s'explique que par une série de raisonnements assez com-
pliqués et, grâce à un langage spécial, établissant de
promptes communications entre des individus de même
espèce. — Qui prend l'initiative de ce meeting et qui
choisit l'heure du départ ainsi que le lieu de réunion ?
Sans doute les chefs de famille les plus anciens et les
plus expérimentés. On sait que les hirondelles reviennent fidèlement chaque année occuper le même quar-

tier et le même nid. Il y a donc dans chaque bourg ou
dans chaque ville de vieux patriarches très au courant
des variations du climat, très familiers avec les ressources locales, avec les routes à suivre, et qui, tout d'a-
bord, pressentant que l'heure de la migration va sonner,
s'entendent pour choisir l'endroit du rassemblement,
puis se répandent dans la contrée afin de prévenir le
clan tout entier. Les naturalistes, du reste, ont depuis
longtemps noté que les hirondelles ont, pour la circons-
tance, un cri particulier qu'ils nomment « le cri d'as-
semblée ». (Lottinger, Gueneau de Montbeillard, etc.).

Ces préparatifs de départ m'intriguaient vivement. Je
les observais de notre grenier, précisément à une fenêtre où deux hirondelles avaient maçonné leur nid hé-
misphérique de terre et de paille qu'elles venaient
ponctuellement occuper chaque année. Depuis trois ans
j'assistais au retour de nos hôtesses, je suivais de très
près les incidents de la ponte et de l'éducation des
jeunes. Une fois même, après une lecture sur les hirondelles, j'avais pris l'un des parents à l'aide d'un filet
appliqué à l'orifice du nid, et je lui avais noué à la
patte un fil de soie verte. Quelle ne fut pas ma joie, le
printemps suivant, de revoir dans le nid la même hirondelle traînant encore à la patte les restes du cordon-
net de soie ! Cet incident m'intéressa plus encore à ces
oiseaux qui revenaient de si loin habiter une lucarne de
notre modeste maison. Les hirondelles avaient pour moi

cet attrait merveilleux qui s'attache aux gens qui ont
voyagé en pays lointain. Leur retour m'annonçait la
venue du printemps ; leurs apprêts de départ me lais-
saient toujours le cœur gros, car ils me faisaient pres-
sentir la fin des vacances. — Aussi était-ce avec l'émotion, mélangée de regret, de quelqu'un qui écoute le
cinquième acte d'un drame pathétique, que je surveillais
leurs derniers rassemblements.

Pendant ces évolutions préparatoires, la puissance, la
vélocité et la souplesse de leurs ailes semblaient avoir
doublé. C'était un charme pour l'œil que de suivre leur
voltige en plein air. Elles y déployaient toutes les ressources de leur science du vol ; virant et contre-virant,
changeant à chaque instant de direction et s'exerçant à
planer très haut dans le ciel. On devinait qu'ayant à
accomplir une longue traversée, elles s'entraînaient pour
ainsi dire et faisaient l'épreuve de leur ailes, afin de
ne pas emmener de traînards. Il est même probable
que si, pendant cet exercice préalable, une hirondelle
eût révélé une faiblesse de constitution trop flagrante,
elle eût été abandonnée sans merci. C'est d'ailleurs
ainsi que procèdent certains oiseaux migrateurs qui voya-
gent en troupes. — Un officier autrichien me racontait
qu'en Hongrie il avait vu les cigognes se réunir dans les
grandes plaines, au moment du départ. Pendant des heures, elles décrivaient de longs cercles, afin d'essayer leurs
forces. Si l'une d'elles, trop vieille ou malade, faiblissait

L'HIRONDELLE

et se posait à terre, immédiatement toute la bande se précipitait sur la malheureuse et la mettait impitoyablement à mort, par mesure de salut public.

Chez nos hirondelles, tout se passa plus paisiblement et je n'eus pas à assister à une exécution tragique.

Un après-midi de la fin de septembre, je les vis arriver en grand nombre sur la place. Il faisait beau temps et déjà les vendanges étaient commencées. Un gai soleil baignait les toits humides, et aux deux extrémités de la rue, j'apercevais entre nos logis les coteaux aux pentes drapées de vignes. De toutes les rues adjacentes, des hirondelles débouchaient. Elles tourbillonnaient un moment dans le ciel, puis venaient se poser sur les saillies des fenêtres et les entablements des corniches. Les appuis des balcons et les frises furent bientôt garnis d'un long cordon de petites têtes noires qui dodelinaient doucement avec de légers gazouillements mélodieux. De temps en temps, une hirondelle se détachait de la file et à tire-d'aile parcourait le front de bandière, comme pour examiner si tout était en ordre et si la troupe était au complet. — Non. — Pas encore... A chaque instant, des retardataires arrivaient en hâte ; ils étaient accueillis par les cris animés et impatients du gros de la bande, puis, toujours avec un peu de tumulte, on se serrait pour leur faire place.

Peu à peu il y eut un grand silence, un silence quasi solennel. Le soleil, plus bas, jetait déjà d'obliques rayons dans la rue et l'ombre des coteaux s'allongeait sur la ville. Tout à coup, d'une seule envolée, la troupe des hirondelles s'éleva en l'air avec un confus frémissement d'ailes agitées. Pendant un moment, le ciel fut obscurci par ce noir bataillon qui planait au-dessus de la place, puis les hirondelles se formant en une longue file tourbillonnante prirent leur vol vers le Sud et disparurent dans les vapeurs qui estompaient l'horizon.

Quand mes yeux s'abaissèrent vers le sol, la ville entière me sembla morne et dépeuplée, et je restai longtemps immobile à la fenêtre, pris de ce sentiment d'isolement et de tristesse qui suit les grands départs.

LE ROUGE-GORGE

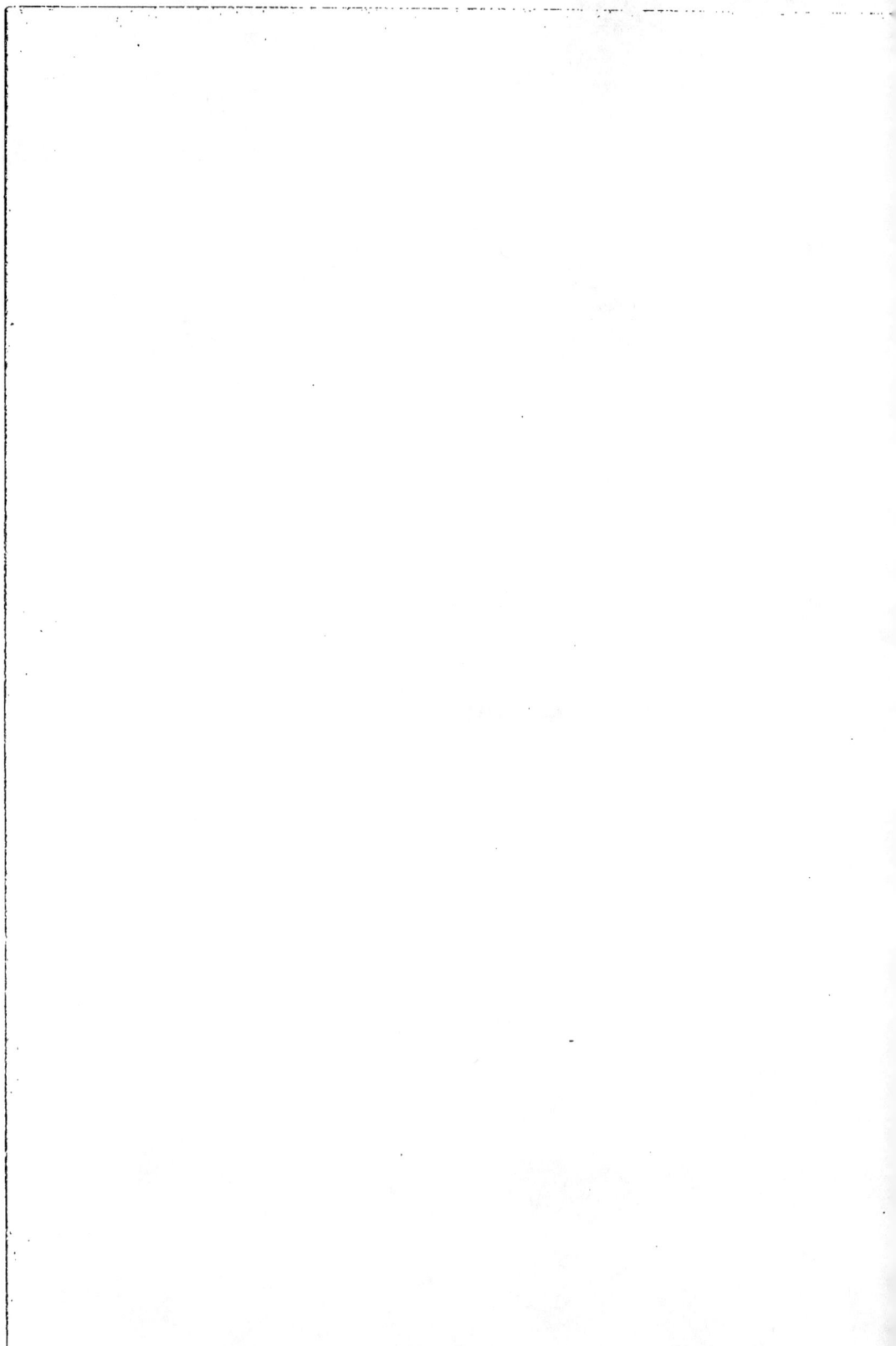

LE ROUGE-GORGE

Tireli !... Le jour renait
Tout dort : râles de genêt
Et cailles dans les champs d'orge ;
Mais ta matinale voix
Déjà réveille les bois,
     Rouge-gorge.

L'amour dans ton cœur mutin
S'éveille encor plus matin,
Car, dès avant la Saint-George,
Ton nid brave le grésil
Et les averses d'avril,
     Rouge-gorge.

La tendresse en ta maison
Ne connait pas de saison
Et comme un beau feu de forge,
Automne ou Printemps, toujours
Flambent tes chaudes amours.
     Rouge-gorge.

LE ROUGE-GORGE

Thomas Carlyle racontait volontiers qu'au
temps de ses débuts dans la vie, il avait été
obligé de séjourner assez longtemps au
fond d'une grande ville où il n'avait récolté
que des ennuis et des vexations. Comme il
s'en revenait chez lui, tout démonté et très
las moralement, soudain, en chemin, il
entendit des alouettes chanter dans les blés, de la même
façon que celles qui gazouillaient jadis dans les champs
de son père, et cette musique inattendue eut pour effet de
le réjouir et de le réconforter singulièrement.

J'ai eu ce soir une douce et mélancolique émotion toute
pareille en écoutant les rouges-gorges gazouiller dans les

hêtres de la Ville-Revault. Les oiseaux ont cela de particulier qu'ils semblent toujours être *les mêmes*. Des années se passent, on devient vieux, on voit ses amis mourir ou disparaître, les révolutions changer la face des choses, les illusions tomber l'une après l'autre comme ces gerbées d'herbe mûre qu'un faucheur couche méthodiquement derrière lui, et cependant, parmi les arbres des vergers ou les hêtres des bois, les oiseaux qu'on a connus dès l'enfance répètent les mêmes appels mélodieux, modulent les mêmes phrases musicales avec la même voix toujours jeune. Le temps ne semble pas mordre sur eux, et, comme ils se cachent pour mourir, comme nous n'assistons jamais à leur agonie, nous pouvons presque imaginer que nous avons toujours devant les yeux ceux qui ont enchanté notre première jeunesse.

Les rouges gorges gazouillaient ce soir avec les mêmes intonations tendres et caressantes qu'à l'époque où j'avais quinze ans. Ils sautillaient, familiers, à quelques pas de moi, dans les branches rougissantes, et j'apercevais distinctement leurs vifs yeux noirs, leur tête brune et leur poitrine d'un beau roux orangé. L'aspect des buissons couverts de mûres, l'odeur spéciale aux bois à l'arrière-saison, le charme des colorations de l'automne finissante, ajoutaient encore à l'hallucination. Je me croyais revenu aux jours dorés d'autrefois, quand, à l'époque des vacances, étendu sur l'herbe, à la lisière d'un bois, je bâtissais de splendides châteaux en Espagne en écoutant les rappels

des oiseaux de passage. En ce temps-là, je songeais avec
de joyeux battements de cœur à ma jeunesse commençante,
aux perspectives souriantes de l'avenir, tandis que les
rouges-gorges, avec leur délicate chanson, formaient comme
un bienveillant accompagnement à mes rêves.

Ce soir, je les entends de nouveau. Le soleil couchant
a toujours sa magnificence, — et pourtant ce n'est plus la
même chose qu'autrefois. — Les couleurs, les bruits, les
lignes du paysage semblent estompés d'une brume mélancolique. — C'est que la maturité est venue, et, avec elle,
les désillusions, les expériences amères, les espérances
avortées. — A deux pas de moi, au-dessus de l'eau qui ver-
dit dans les douves de la Ville-Revault, un rouge-gorge
vient se poser sur une tige d'églantier. Il me regarde
familièrement avec son œil noir espiègle, et semble me
dire :

« Comme tu as vieilli, mon camarade ! »

Toi, tu es toujours le même, ô rouge-gorge ! Ton poitrail a toujours cette belle couleur de sorbe mûre qui t'a
valu ton nom ! Dès l'aube, tu t'éveilles, ô le plus matineux
des oiseaux ! et tu chantes ton mélodieux *tireli*. Tout le
jour, au fond des bois humides, tu quêtes ta nourriture sous
les feuilles mortes. A la Saint-Aubin, quand les prés sont
encore poudrés de gelée blanche, tu marques bravement la
place de ton nid, tu commences à gazouiller pour charmer
ta couveuse : et, comme ton cœur est aussi constant que
chaud, tu n'as pas trop de déboires en amour. Dans le lit,

tissé de mousse et d'herbe ta nombreuse famille sommeille
en paix ; quand tu quittes ton logis pour chercher pâture,
tu couvres l'entrée du nid avec une feuille sèche, comme
un bourgeois prudent qui ferme au loquet sa porte avant de
sortir, et tu t'en vas l'esprit exempt d'inquiétude.

Lorsque vient l'automne et qu'au long des haies rou-
gissent à foison les senelles, les sorbes et les cornouilles,
tu changes de menu et tu te mets au régime des fruits juteux
et parfumés. Ton gosier en acquiert une souplesse nouvelle et tu chantes mieux encore. Les feuilles tombent, mais
les premiers frissons de l'hiver ne t'effarouchent pas, tu te
rapproches seulement un peu plus des habitations. On
dirait que tu nous quittes à regret, et bien souvent en
novembre, surpris par les premières neiges fondantes, tu
vas heurter du bec à une fenêtre qui brille et tu y demandes
sans façon l'hospitalité.

Sans doute, tu n'échappes pas au sort commun et tu
vieillis comme nous tous, mais nous ne nous en apercevons
pas. Nous voyons toujours aux mêmes places sautiller un
rouge-gorge, nous entendons ta chanson d'automne et
nous croyons toujours ouïr le même oiseau. On prétend que
les décrépitudes de l'âge te sont épargnées, et que le plus
souvent tu meurs subitement, frappé d'une foudroyante
apoplexie. C'est encore un des privilèges de ta destinée.
Comme dit Montaigne : « Les plus mortes morts sont les
meilleures. » — Un soir de printemps ou d'automne, après
un repas trop substantiel ou une veillée d'amour trop pro-

LE ROUGE-GORGE

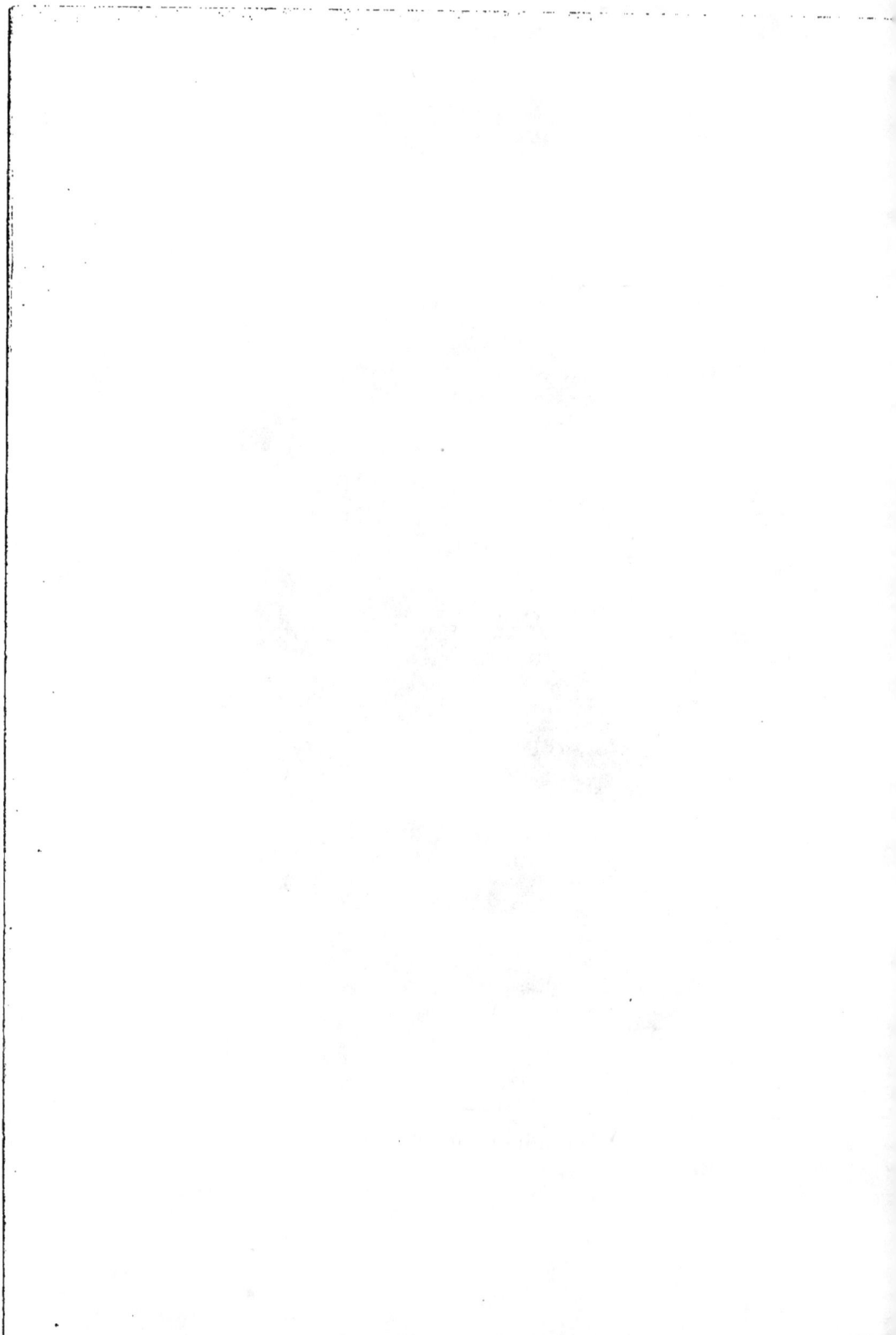

longée, tu tombes mortellement frappé. Les feuilles sèches recouvrent ton petit cadavre, comme elles recouvraient ton nid, et en expirant tu peux te croire encore couché dans ton berceau.

Nous n'avons pas le même heureux lot, ô rouge-gorge ! Notre vie, moins unie que la tienne, a de plus décevantes complications.

> . . .   . . . Elle ondule à nos yeux
> Comme une plantureuse et profonde prairie,
> Dont un magicien tendre et mystérieux
> Varie à tout moment l'éclatante féerie.
>
> Nous y courons ravis, cueillant tout sans choisir,
> Fauchant jusqu'aux boutons qui s'entr'ouvrent à peine ;
> Mais l'éblouissement nous ôte le loisir
> De savourer les fleurs dont notre main est pleine.

Mais si enchevêtrée de lianes piquantes ou fleuries, si embrouillée qu'elle soit de nombreux fils noirs semés de rares fils d'or, elle finit comme la tienne, — moins brusquement peut-être, avec plus de hauts et de bas et une plus traînante vieillesse, — mais tout de même elle finit. Comme toi, nous nous endormons dans la terre, et il ne reste plus de notre individualité, dont nous étions si orgueilleux, qu'un souvenir plus ou moins tenace, qui va s'affaiblissant avec les années. Pendant quelque temps on parle encore de nous avec un soupir et une larme ; puis les regrets s'évaporent. Ceux qui nous pleuraient se consolent ou s'en vont à leur tour, et, insensiblement, silen-

cieusement, l'oubli amasse ses feuilles sèches sur notre
personnalité comme sur la tienne. Notre tombe, dont on
a désappris le chemin, n'est plus visitée que par les papillons ou les oiseaux du ciel. — C'est une bonne fortune
quand un de tes frères, ô rouge-gorge! y vient en automne
gazouiller amicalement sa chanson toujours jeune et toujours pareille.

LES MÉSANGES

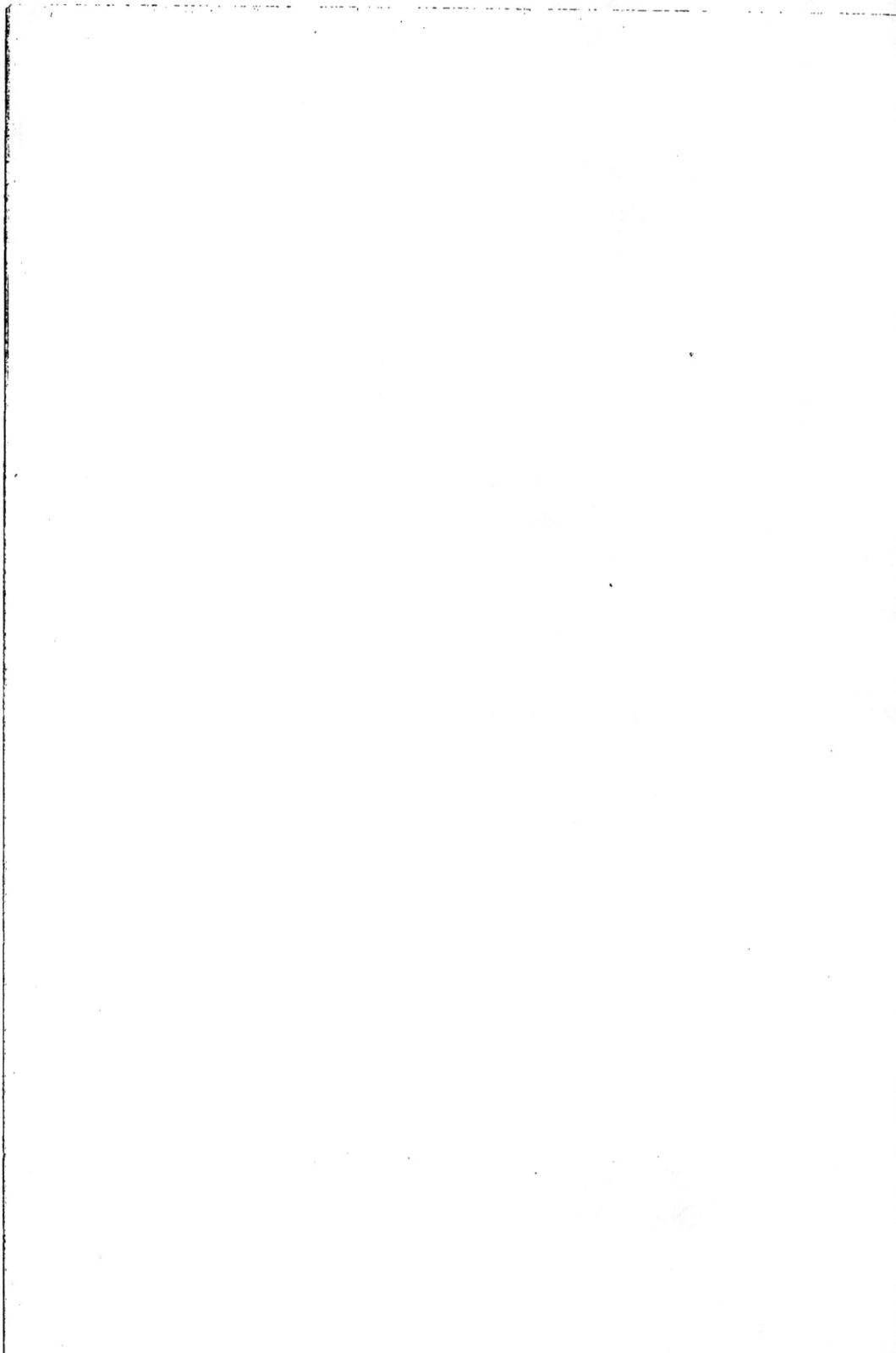

LES MÉSANGES

Construisons un nid. Avril qui fleuronne
Couvre de bourgeons l'arbre et l'arbrisseau.
Entre les brins verts d'un saule marceau,
Mêlons les brins d'herbe au duvet, mignonne ;

Car les frêles œufs, chère compagnonne,
Veulent pour éclore un douillet berceau. —
Moi, j'apporterai mouche et vermisseau
Dans le nid qu'un fin tissu capitonne ;

Toi, tu couveras. — Sous la mousse en fleur
Nos enfants naîtront, grâce à la chaleur
De ton aile blanche à bordure noire.

Vienne octobre avec ses sorbiers rougis,
Et nous serons quinze ou seize au logis,
Pour chanter en chœur l'automne et sa gloire.

LES MÈSANGES

Pendant les premiers jours pluvieux d'octobre, par les fenêtres encore ouvertes, j'entendais le gazouillement léger des mésanges dans les arbres verts du jardin. Elles étaient venues s'y loger en troupe, depuis la Saint-Michel, et elles s'y livraient activement à l'épluchage des fusains, des ifs et des épicéas. — Alertes et sans cesse remuantes, elles voltigeaient de massifs en massifs, sautillant sur les branches, retournant les feuilles, grimpant le long de l'écorce, se suspendant même la tête en bas, afin de pouvoir mieux fouiller les petites fentes où se réfugient les vers et où les insectes cachent leurs chrysalides.

15

Toutes ces mésanges diffèrent d'habit, de taille et de mine, mais elles présentent certaines caractéristiques qui ne permettent pas de se tromper sur leur commune parenté. Toutes ont le bec en forme de cône court, un peu aplati sur les côtés, et recouvert jusque sur les narines de petites plumes qui se relèvent et leur donnent une physionomie effrontée. Chez elles, les muscles du cou sont très robustes, le crâne est très épais; elles ont également beaucoup de force dans les muscles des pieds et des doigts; c'est ce qui explique la souplesse et l'agilité des manœuvres auxquelles elles se livrent pour écheniller les branches, percer les graines dures et fendre la coquille des noisettes. On prétend même qu'elles abusent de la solidité de leur bec d'acier pour ouvrir le crâne des petits oiseaux morts ou affaiblis par la maladie, et pour se repaître de leur cervelle. — Ordinairement, elles se contentent d'une nourriture plus innocente; leur régime se compose surtout de chenilles, d'œufs de papillons, et aussi de noisettes, de faînes, de noix, et en général de graines oléagineuses.

Pendant la belle saison, elles vivent au fond des bois montueux, mais dès que les premiers froids amènent la neige dans la montagne, elles émigrent vers les plaines cultivées et se rapprochent des lieux habités. Presque toutes sont remarquables par un talent de nidification vraiment extraordinaire chez de si petits oiseaux. Elles emploient à la construction de leur nid des matériaux de choix, tels qu'herbes menues, racines flexibles, mousse soyeuse, flocons de laine, plumes et duvet végétal, et elles se servent très adroitement de leur bec pour tresser, arrondir, lisser, façonner en forme de boule ces matières diverses. — Elles sont toutes très prolifiques. La plupart des femelles pondent jusqu'à quinze et dix-huit œufs. Elles ne se bornent pas à être fécondes ; elles ont le sentiment de la famille très développé. Mâle et femelle déploient un zèle et une activité infatigables pour sustenter leur nombreuse nichée, — et une énergie non pareille pour la défendre contre les attaques des chouettes et autres rapaces. Elles ont du reste un naturel violent, hardi et belliqueux.

C'est sans doute cette rageuse intrépidité et cette humeur batailleuse, développées par l'obligation de se tenir sans cesse sur la défensive, qui les ont fait accuser parfois de sournoiserie et de férocité. — On devrait plutôt, ce me semble, admirer le courage avec lequel ces oiselets combattent le dur combat de l'existence. On leur reproche leur amour pour la chair fraîche, qu'elles déchirent à coups d'ongle, comme la pie-grièche et le corbeau ; mais on oublie que leur petit corps, tout muscles et nerfs, a besoin d'une alimentation très substantielle pour résister aux luttes de chaque jour. Leur organisation exige l'assimilation d'une grande quantité de matière vivante. Pourquoi n'adresse-t-on pas le même reproche au rossignol, qui se nourrit lui aussi de chairs saignantes ? Quant à la sour-

noiserie, n'est-ce pas un défaut véniel chez un oisillon
perdu dans la grande forêt, et obligé de se défendre con-
tinuellement, lui et les siens, contre les attaques de maraudeurs tels que la chouette et l'écureuil ? Le paysan
est sournois aussi, mais cela n'enlève rien à ses vaillantes
et solides qualités. — S'il arrive par hasard que, pressée
par la famine, la mésange perce le crâne d'un oiseau mort
ou moribond, il ne nous appartient pas à nous autres,
chasseurs et pêcheurs féroces, de lui en faire un crime.
— Manger ou être mangé est un dilemme terrible, qui
ne permet guère, à celui qui est acculé à cette extrémité
redoutable, de se livrer à des excès de sensibilité. Je
voudrais bien voir les moralistes qui trouvent la mésange
cruelle, jetés tout nus en pleine sauvagerie et forcés de
gagner leur nourriture à la pointe de leurs ongles !...
La vérité est que les mésanges sont très sociables. Soit
qu'elles aient le goût de la compagnie, soit que le sentiment de leur faiblesse les pousse à s'unir, elles aiment
la société de leurs semblables et volent par troupes plus ou
moins nombreuses. Lorsqu'un accident les a séparées, vite
elles se rappellent et sont promptement de nouveau réunies.

Tandis que je méditais sur les qualités et les défauts
des mésanges, j'avais justement sous les yeux un exemple
de relations aimables qui s'établissent entre les divers
membres de la famille. — Dans les arbres verts et les
massifs d'épines-vinettes déjà effeuillées, que dominait
ma fenêtre, toutes les espèces de mésanges étaient re-

LES MÉSANGES

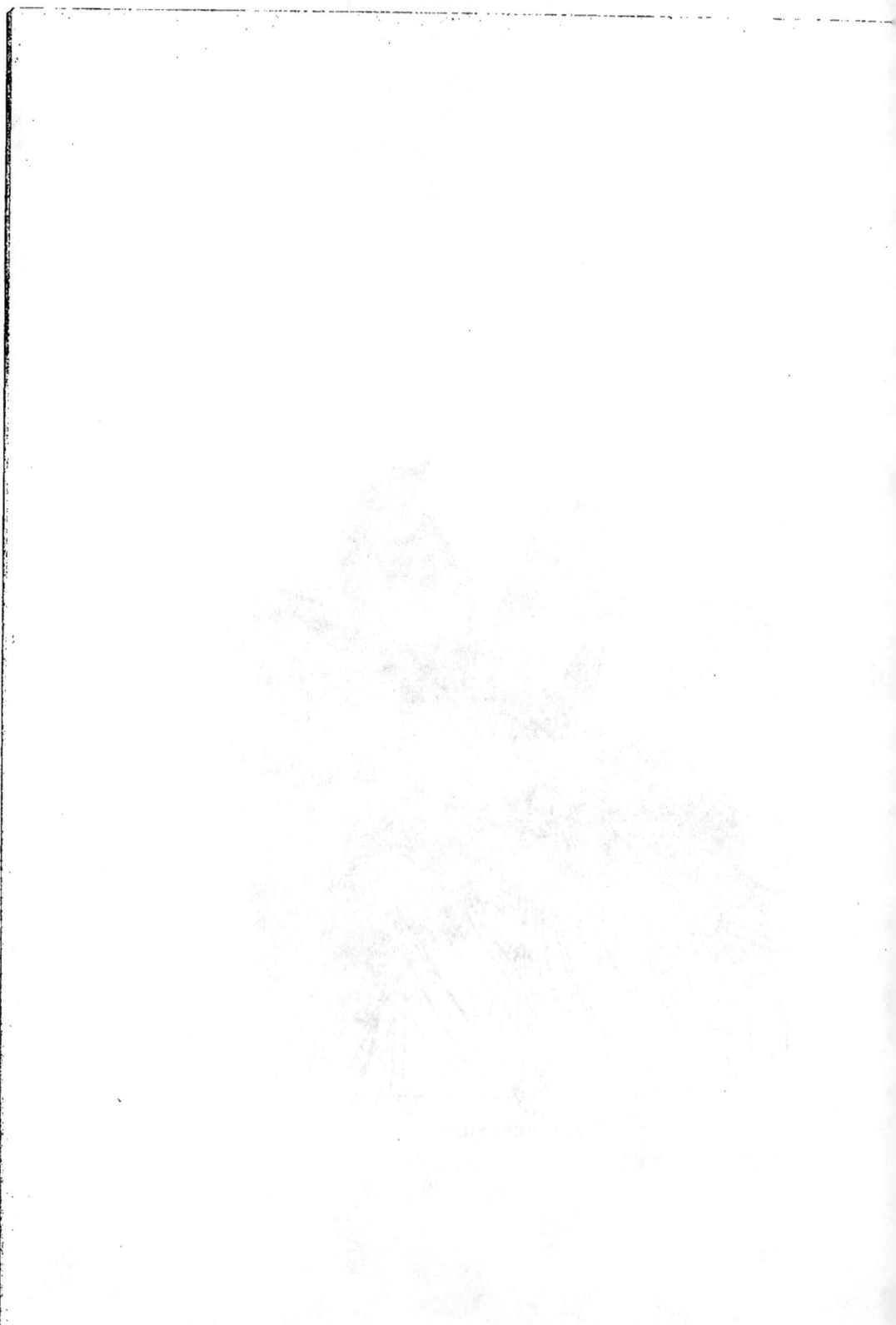

présentées et semblaient vivre en bon accord. Elles formaient un groupe très varié, très affairé et très remuant.
Les désigner l'une après l'autre nécessitait presque un
dénombrement à la façon homérique :

Il y avait la mésange *charbonnière* ou *serrurière*,
reconnaissable à sa forme trapue, à son capuchon et à son
plastron noirs. Lorsque le temps est à la pluie, elle a
un cri qui ressemble au grincement de la lime sur le fer
et qui lui a valu l'un de ses surnoms. Le plus souvent
elle a un gazouillement agréable, surtout à l'époque des
amours. Elle niche dans les trous de mur, dans des troncs
d'arbres, et parfois aussi dans les huttes abandonnées des
charbonniers.

A côté d'elle se trémoussait la mésange *bleue*, la plus
jolie, la plus effrontée et la plus courageuse de la famille,
— charmante avec sa tête fine casquée d'azur, ses ailes
bleuâtres, ses joues blanches et sa gorgerette d'un bleu
foncé ; — celle-ci est une formidable échenilleuse. — On
a calculé qu'elle mange par jour quinze grammes d'œufs
de papillons.

Puis venaient la *nonette cendrée*, qui emmagasine des
graines dans son trou et fait une rude guerre aux guêpes ;
— la *penduline*, qui tisse son nid moussu de la façon la
plus merveilleuse et le suspend aux branches d'arbres,
absolument comme le loriot ; enfin la mésange à *longue
queue*, si élégante et si rapide dans son vol, qu'on la
prendrait pour une flèche...

Tout ce petit peuple frétillait, sautillait et gazouillait paisiblement dans les branches vertes. Soudain la bande entière s'envola avec des cris effarouchés ; en même temps un coup de feu retentit. — Et je reconnus là un des beaux traits de l'homme, — cet animal si doux et si bienveillant, que scandalise si fort la férocité des mésanges. — Heureusement, celles-ci, en bêtes prudentes et expérimentées, avaient flairé le coup de fusil et s'étaient envolées à temps.

LE ROITELET ET LE TROGLODYTE

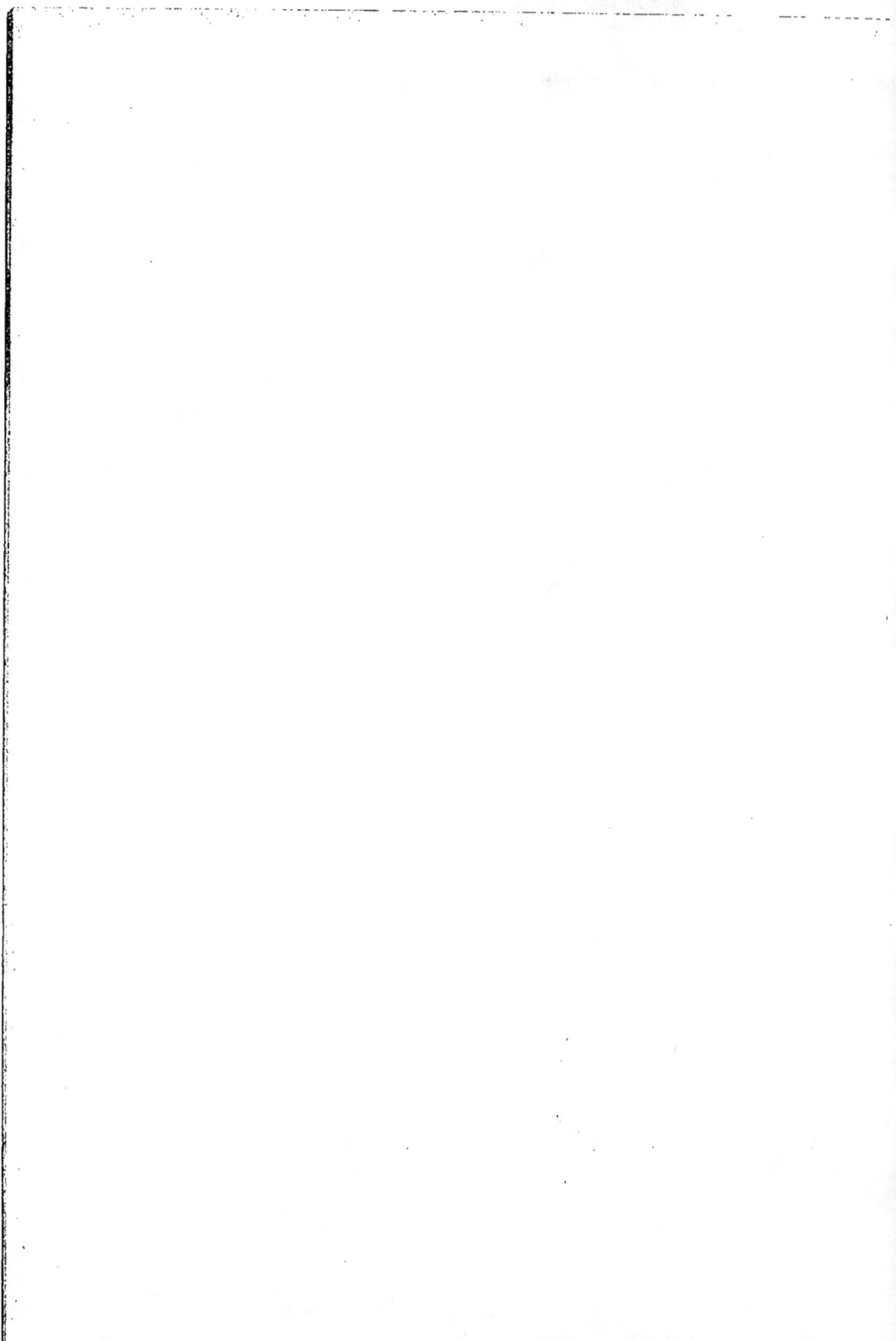

LE ROITELET

Vers les mers lointaines et bleues
Les oiseaux frileux sont partis,
Loriots d'or et rouges-queues,
Faisant des centaines de lieues,
Ont pris leur vol, loin des pâtis,
Vers les mers lointaines et bleues.

Un brave oiseau seul est resté,
Devant la bise qui les fouette
Quand tous les gros ont déserté,
Frêle et de taille si fluette,
Dans la forêt blanche et muette
Un brave oiseau seul est resté.

O roitelet à crête aurore !
C'est toi !... Tu jettes ton chant clair
Aux bois que le givre décore.
Salut, gaîté du vieil hiver,
Oisillon courageux et fier,
O roitelet à crête aurore !

LE ROITELET ET LE TROGLODYTE

On m'apporta un jour un nid d'oiseau trouvé à l'extrémité d'une branche d'épicéa, — un nid d'une construction merveilleuse. — Figurez-vous une boule creuse, tissée délicatement avec des brins de mousse et des toiles d'araignée, capitonnée, à l'intérieur, du duvet le plus chaud et le plus moelleux : duvet de choix, glané dans les chatons des peupliers, parmi les aigrettes mûres des chardons et les semences cotonneuses des épilobes. Ce nid douillet, dans lequel on ne pénétrait que par un trou étroit, pratiqué sur l'un des côtés, était l'œuvre du roitelet, cet oiseau lilliputien, le plus petit de nos oiseaux d'Europe.

Le roitelet est plus menu encore que son voisin le
troglodyte, avec lequel on le confond souvent, bien
qu'ils diffèrent de mœurs, de langage et d'habit. —
Le troglodyte, qu'on appelle en Lorraine le *petit bœuf*,
est plus long d'un pouce ; tout son plumage est ondé
de brun foncé et de noirâtre, comme celui de la
bécasse ; sa queue est sans cesse retroussée en panache ;
de plus, il a un joli ramage, gai et mélodieux. Il fait
son nid un peu partout, tantôt près de terre, sur quelques branchages épais ; tantôt sous le toit de chaume
de quelque cabane isolée, et jusque sur la loge des
charbonniers ou des sabotiers, qui travaillent en pleine
forêt. Ce nid est une boule de mousse, informe au
dehors, mais très dextrement garnie de plumes à l'intérieur. La femelle y dépose neuf ou dix œufs d'un
blanc terne, pointillés de rougeâtre au gros bout. Dès
que les petits sont emplumés, la famille se disperse.
Le troglodyte vit solitaire dans les fourrés et les buissons. Il y voltige jusqu'à la nuit serrée, et c'est, avec
le rouge-gorge et le merle, un des derniers oiseaux
qu'on entende après le coucher du soleil. Il n'est point
farouche et le voisinage de l'homme ne le trouble nullement. Je me souviens d'en avoir rencontré un dans
la forêt de Compiègne, qui voletait parmi les branches enchevêtrées d'un prunellier, sans s'inquiéter en
aucune façon de ma présence indiscrète. Il continuait
de fredonner à tue-tête, d'une voix claire, relevant sa

petite queue, agitant ses ailes et passant à travers les broussailles avec la vivacité d'un lézard. — Aux approches de l'hiver, cet oiselet se tient dans le voisinage des fermes et des vergers, toujours chantant malgré la froidure et la neige. « Il n'est jamais mélancolique, dit Belon ; toujours prêt à chanter ; aussi l'oit-on soir et matin, de bien loin, et principalement en temps d'hyver ; lors il n'a son chant guère moins hautain que celui du rossignol. »

L'oiseau avec lequel le troglodyte a le plus d'analogie, comme voix et comme habitudes, est le pouillot ou *chantre*. Le pouillot a la même taille et, à la huppe près, le même plumage que le roitelet, mais il a les mœurs et l'allure du troglodyte. Ainsi que lui, il se nourrit de mouches et de vers qu'il pourchasse avec une étonnante vivacité. Il vit en été dans les grands massifs forestiers et y fait son nid au cœur des buissons ou dans d'épaisses touffes d'herbes. Ce nid ressemble comme structure à ceux du roitelet et du troglodyte. La femelle du pouillot pond ordinairement cinq ou six œufs blancs, mouchetés de roux. Les petits ne quittent leur nid de mousse que lorsqu'ils peuvent voler. En automne, le pouillot imite son cousin le troglodyte. Il abandonne les grands bois et vient gazouiller autour des vergers. Il chante très agréablement sur un ton aigu et continu, avec des modulations variées : — d'abord un petit gloussement syncopé, puis une suite

de sons argentins nettement détachés, enfin un ramage
très doux et soutenu, terminé, en automne surtout,
par un coup de sifflet : *tuit ! tuit !* qui est comme la
signature caractéristique de ce minuscule virtuose.

Le roitelet, au rebours, ne gazouille guère qu'à
l'époque de la couvée ; le reste du temps, il ne possède qu'une seule note aigrelette, assez semblable à
celle de la sauterelle. S'il ne brille pas par son chant,
en revanche, il possède sur son front les insignes de
la royauté. Son simple vêtement brun olive est relevé
par une belle huppe couleur aurore. Cette crête aux
plumes mobiles se dresse ou s'abaisse à volonté par
le jeu des muscles de la tête. Elle est bordée de noir,
une raie blanche à la base de la couronne et un trait
noir de chaque côté de l'œil achèvent de donner au
monarque en miniature une mine résolue et courageuse
Le roitelet est, en effet, plein de vivacité et d'énergie,
et pas un oiseau n'entreprend plus bravement que lui
la lutte pour l'existence. Que l'été brûle ou que l'hiver
couvre les champs de neige, il sautille intrépidement
de l'arbre au buisson et du buisson au brin d'herbe,
égrenant les ombelles jaunes du fenouil, nettoyant les
aiguilles de l'épicéa, fouillant les gerçures des saules
pour y trouver des larves d'insectes ou des œufs de
papillon.

Grand éplucheur de branches, il s'attaque de préférence aux arbres verts ; pins, sapins, genévriers, qui

LE ROITELET

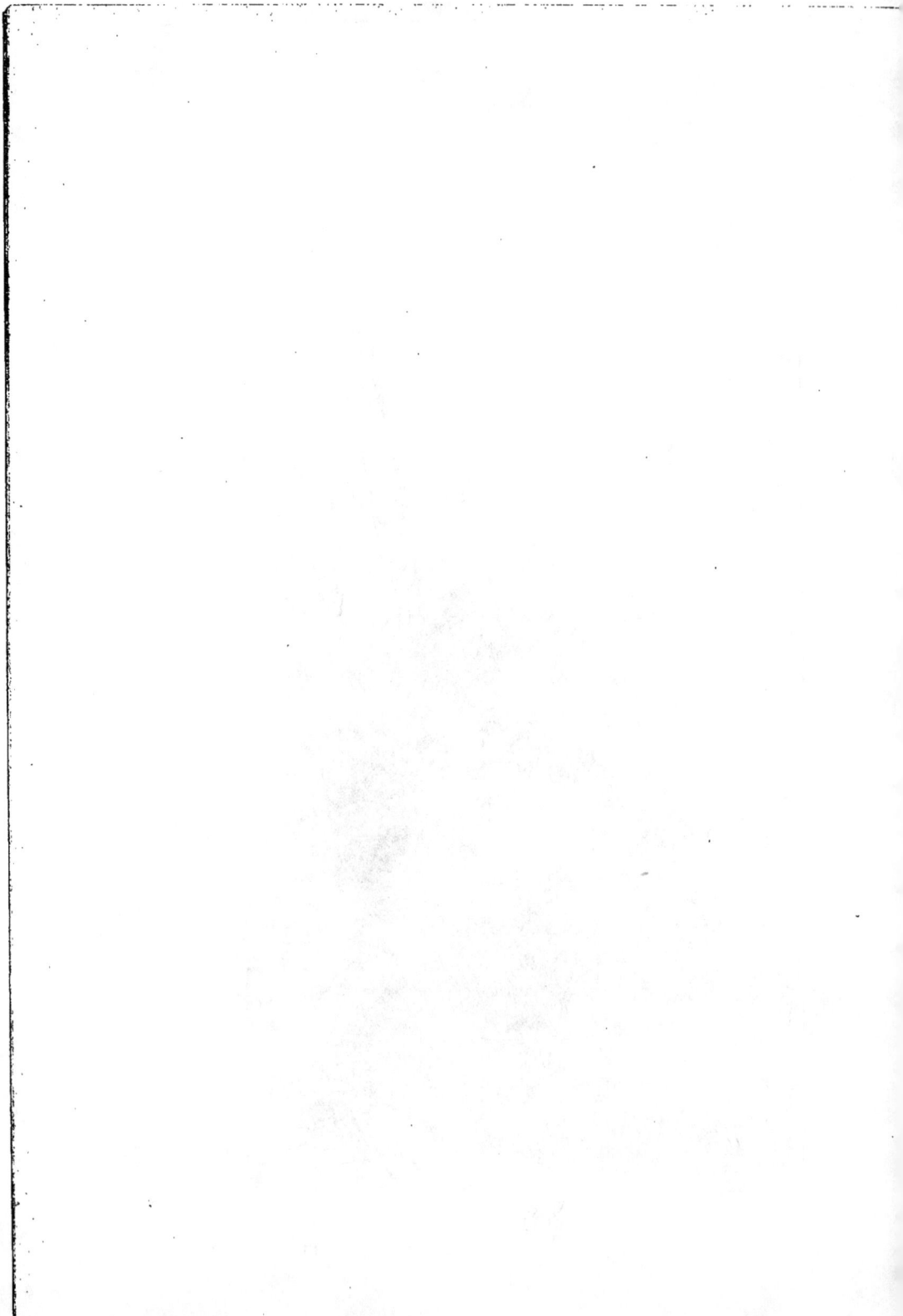

cachent entre leurs aiguilles tout un petit monde de larves et d'œufs. C'est un maître échenilleur. On a calculé qu'un roitelet peut consommer annuellement trois millions d'œufs et de chrysalides. Au contraire du troglodyte, il fait son métier en famille, avec ordre et méthode. Toute la troupe volète de cépée en cépée, dans une direction déterminée par un *sens* spécial de migration. Un ornithologiste, très fin observateur, M. de la Blanchère, a dit, dans son intéressant livre sur les *Oiseaux utiles et nuisibles*, qu'il était parvenu à connaître parfaitement par quelle lisière les roitelets entreraient sous bois, à l'automne, et dans quels cantons de la forêt il les rencontrerait successivement et immanquablement pendant l'hiver

Cet oiselet affectionne les grands arbres. Il suspend son nid aux pins sylvestres, où le vent chante de si mélodieux airs, ou bien aux majestueux sapins des Vosges, tout frangés de lichen. Dans ce nid, bercé au-dessus de la forêt moutonnante, la femelle pond de sept à onze œufs pas plus gros que des pois. — Il n'y a plus que les petites gens ou les rois pour avoir si nombreuse famille.

Dans son corps minuscule, le roitelet a tout à la fois du sang royal et du sang plébéien. Par sa taille, ses habitudes laborieuses et sa bonne humeur, il appartient au peuple; mais il porte couronne et règne à sa façon dans la forêt. — Royauté mystérieuse et insaisissable, analogue à celle de la reine Mab ou du nain vert Obéron. Dans les grands massifs endormis, le roitelet représente le mouvement et la vie. Quand les ruisseaux gelés font silence, quand pas un brin d'herbe ne remue, le bûcheron qui souffle dans ses doigts, avant de reprendre sa cognée, entend soudain un léger cri joyeux et voit filer entre les branches dépouillées une mignonne apparition auréolée d'or fauve... C'est l'esprit familier de la grande forêt, le roitelet qui se rit de la bise, et continue à écheniller les genévriers sous la neige.

LE MERLE

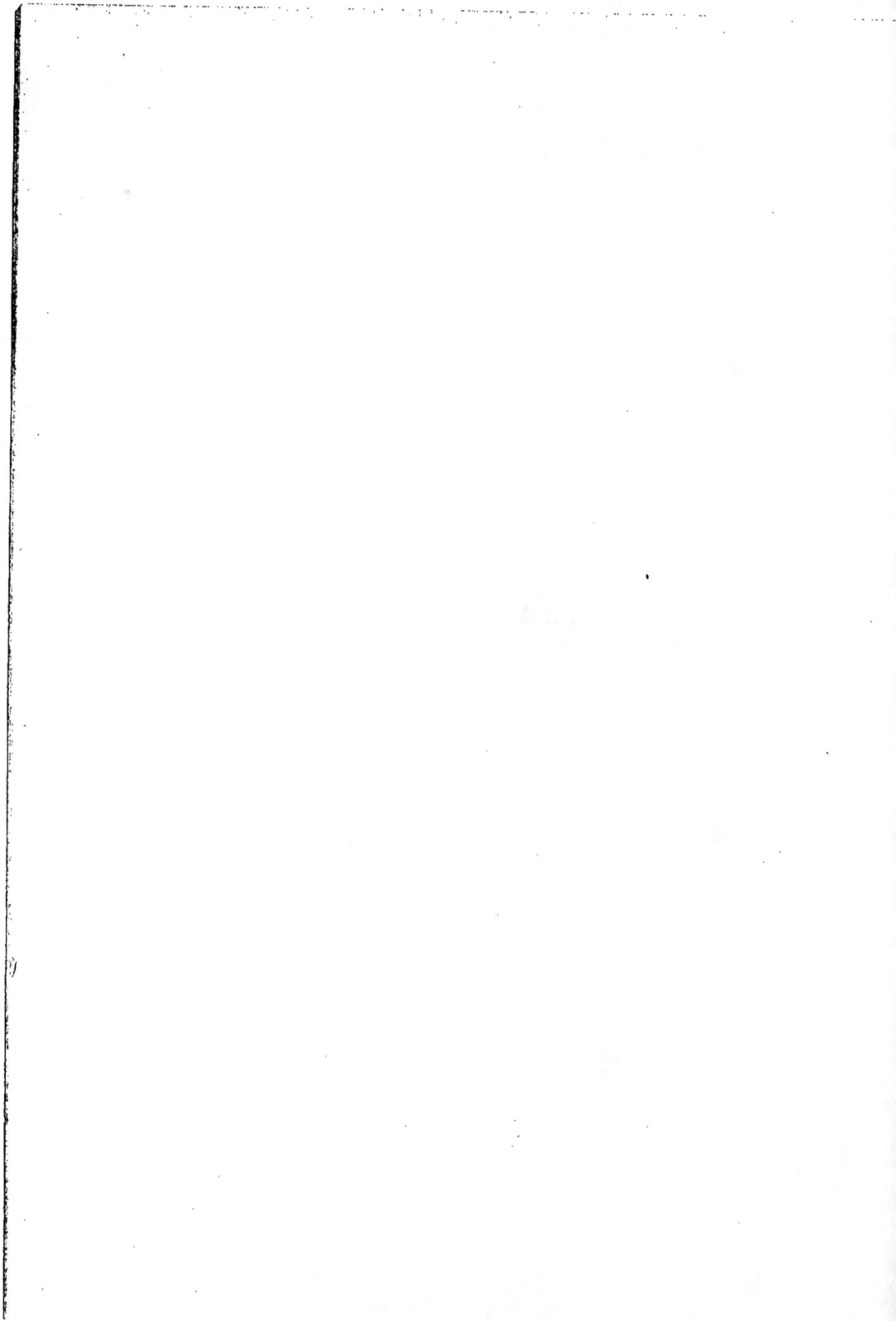

LE MERLE

En mars, le merle, gai siffleur,
Chante dans les pruniers en fleur.

Malgré les tardives gelées
Qui poudrent à blanc les prés verts,
Il sent le printemps à travers
Le ciel rayé de giboulées.

Longtemps d'avance il va rêvant
A des clos remplis de cerises,
Et flairant des odeurs exquises,
Il siffle, la narine au vent.

De loin, comme un mirage étrange,
Il voit, sous le pampre vermeil
Des vignes pleines de soleil,
Les raisins mûrs pour la vendange...

Et le merle noir, gai siffleur,
Chante dans les pruniers en fleur.

LE MERLE

Celui-là, tout le monde le connaît, —
même les Parisiens qui n'ont guère vécu
à la campagne, — car il est l'hôte de
tous les jardins de Paris. — Il n'est point
de square ni de parterre petit ou grand qui
n'ait son couple de merles. Partout, au
Luxembourg, aux Tuileries, au parc Mon-
ceau, on le voit sautiller dans les massifs
ou sur les pelouses, alerte, dispos, reconnaissable à son bel habit noir lustré et à son bec jaune.
Presque toujours sa femelle l'escorte, en costume
gris, discrète, effacée et aussi silencieuse qu'il est ba-
billard. Ce n'est point un oiseau de passage, mais un

16*

sédentaire; même pendant les froids les plus rigoureux,
il demeure dans nos climats. En hiver, dans les villes,
il hante volontiers le voisinage des habitations, où il est
toujours sûr de trouver, parmi les arbres verts des jardins,
un abri et une nourriture quelconque.

Les merles campagnards, sentant venir ces rudes journées hivernales, se réfugient au cœur de la forêt, à proximité de quelque source attiédie, sous les sapins ou les
genévriers qui leur offrent plus de ressources pour le vivre
et le coucher. Dès que le froid se détend, ils entrent en
gaieté et lancent vers la mi-février ce sifflement joyeux
qui retentit dans les futaies et dans les parcs, à l'époque
où les chatons des noisetiers commencent à fleurir. Ils
nichent de très bonne heure et si la première ponte ne
réussit pas, à cause du froid, la femelle ne se décourage
point et se remet à pondre à nouveaux frais. Ils construisent leur nid presque à ras de terre ou dans quelque
vieux saule creux. Ce nid, assez semblable à celui des
grives, est maçonné et tressé fort industrieusement ; une
couche d'argile l'enduit au dehors, et au dedans le tissu
d'herbe et de racines est matelassé avec de la mousse.
La femelle y dépose quatre ou cinq œufs d'un vert bleuâtre
tacheté de rouille. Elle les couve seule, tandis que le
mâle voltige çà et là et siffle, tout en quêtant des vers
de terre qu'il rapporte, coupés en morceaux, à sa couveuse.

Le merle est d'un naturel jovial; c'est un peu le loustic

du monde des oiseaux. Il a quelque chose de la verve
et de la blague du pître et du cabotin, et, — comme à
tout bon cabotin, — il lui faut une galerie qui l'écoute
et l'applaudisse. Il aime la compagnie ; mais à la société
des merles ses confrères il préfère la camaraderie d'oiseaux plus petits et d'espèce différente. Souvent, vers le
soir, j'ai observé le manège des merles sur les grandes
pelouses du Luxembourg. Chacun d'eux sautillait légèrement dans l'herbe, escorté de quatre ou cinq moineaux
familiers qui semblaient très fiers d'être reçus dans l'in-
timité du bel oiseau à robe noire. Celui-ci allait et venait,
plein à la fois d'importance et de condescendance, et se
plaisant à ébaubir ces petites gens qu'il daignait admettre
à partager sa promenade. Il me faisait l'effet de ces esprits
vaniteux, tapageurs et un peu vulgaires, qui dédaignent
leurs égaux et se touvent plus à l'aise dans la compagnie
de personnes qu'ils peuvent éblouir et dominer à peu de
frais.

Le merle aime à se donner en spectacle, à tenir le dé
de la conversation, mais cela sans gêne, sans cérémonie,
et pour ainsi dire les coudes sur la table. — Je me souviens d'avoir été, grâce à lui, un matin d'automne, témoin
d'une scène fort amusante. Au bord d'une vigne, un merle,
ivre de raisin, paradait à quelques pas de moi en compagnie d'une demi-douzaine de grives. Le drôle, mis en
gaieté par le raisin noir, s'était perché au sommet d'un
échalas et donnait la comédie à ces joyeuses commères.

Il clignait des yeux, battait des ailes, agitait la queue,
se mettait la tête entre les pattes, avec des mines gro-
tesques qui divertissaient grandement les spectatrices,
placées à peu de distance et fort attentives.

L'automne est du reste pour cet oiseau une saison de
liesse et de frairie. Les vergers sont pleins de fruits à
noyaux, les baies sauvages foisonnent dans les haies, et
les vignes sont amplement fournies de grappes mûres.
Aussi il ne se soucie plus alors de vers ni d'insectes ; il
se gave de fruits pulpeux et parfumés. Il est tout occupé
à satisfaire sa gourmandise, l'amour ne le tourmente plus
et il devient silencieux. A peine manifeste-t-il son ancienne
loquacité par un gloussement de mauvaise humeur, quand
on le dérange dans son dîner.

Pourtant il n'est si belle fête qui ne prenne fin. Peu
à peu les arbres fruitiers se dépouillent, les vignes se
vendangent. Il ne reste plus à grappiller que les prunelles
de la haie et les alises dans les taillis déjà poudrés de
givre. Plus de longues ripailles ; il faut se contenter à
moins de frais. Fin novembre, les gelées font tomber les
derniers fruits sauvages. Adieu, paniers !... Le merle bat
en retraite vers les grands massifs et y prend ses quartiers d'hiver. Là, la chère est médiocre et la compagnie
est peu divertissante. C'est fini de rire. Beau sire merle
est obligé de revenir au régime des mouches et des vermisseaux, — et encore n'en a-t-il pas toujours à sa suffi-
sance. Tous les oiseaux dont il avait fait ses familiers ont

LE MERLE

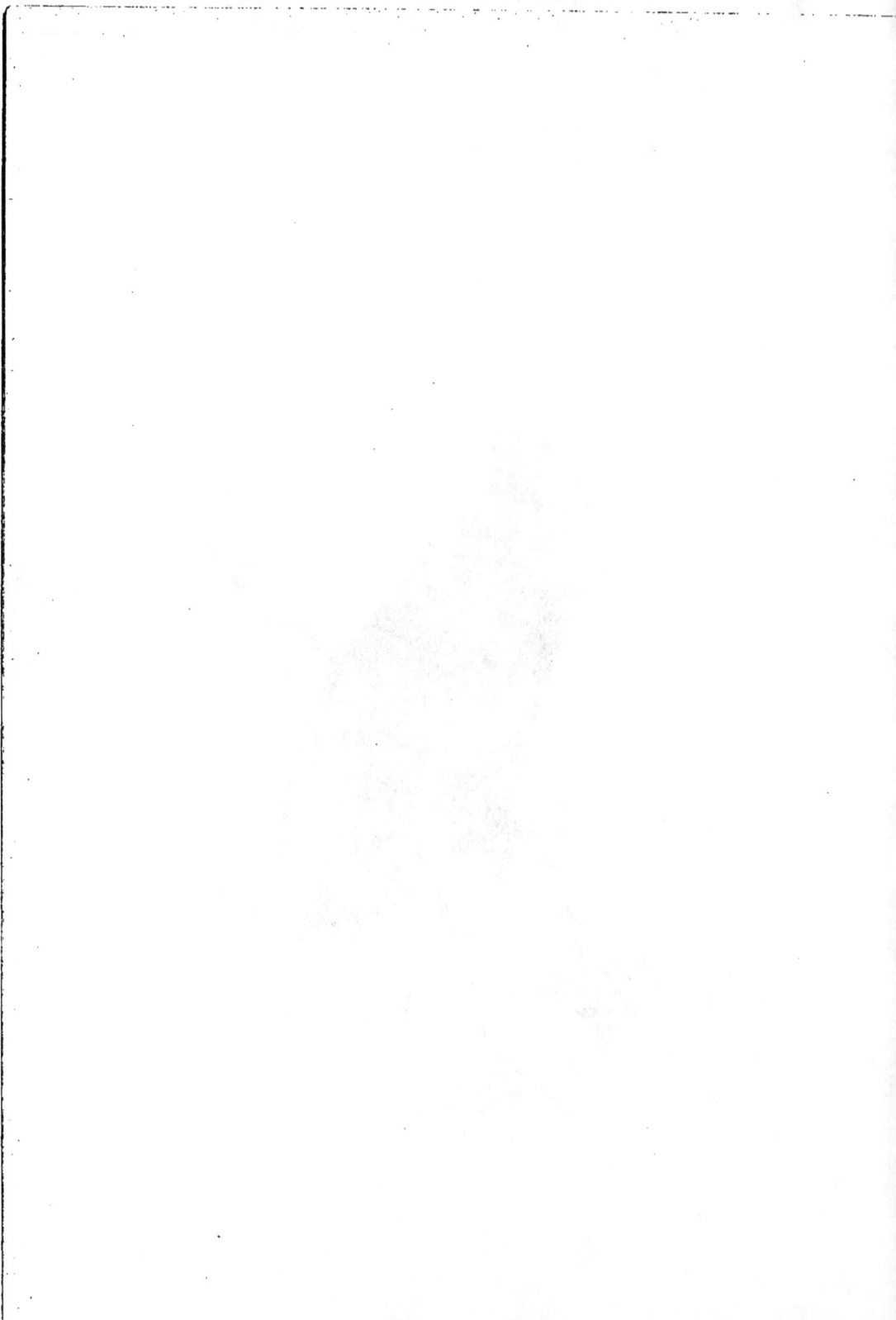

eu peur du froid et ont émigré. Il n'a pour unique société
que les mésanges, — revêches personnes, très positives,
très affairées et qui se soucient peu des amuseurs, —
ou les roitelets, qui se tiennent sur la réserve et fuient
le voisinage de ce gros oiseau turbulent.

Heureusement, le merle est philosophe. Il se ren-
ferme en son par dedans et se répète à lui-même ses
propres grivoiseries, comme un vieil acteur oublié qui se
joue encore pour lui tout seul les scènes où il était le
plus applaudi dans son beau temps. Et puis il se console
en se disant que les mauvais jours s'écoulent du même
train que les jours heureux, et qu'après tout, l'hiver n'est
pas éternel.

Dès la fin de janvier, perché sur la plus haute
branche d'un sapin, il suit attentivement les hausses de
la température et la croissance des jours. — A la Saint-
Antoine, ils augmentent « de toute la longueur du repas
d'un moine » ; — à la Chandeleur, « d'une heure » ; —
et nous voilà du côté du bon bout de l'hiver. Avec un
flair particulier, à travers les averses et les rafales de
février, le merle devine que le printemps est proche. Il
aperçoit sur les lisières les chatons des noisetiers qui
s'allongent ; dans les fonds, l'ellébore noir qui épanouit
ses corolles vertes lisérées de rose. Tout à l'entour, les
bois semblent dire : Voici le renouveau ! »

Dans son for intérieur de merle, quelque chose le lui
dit aussi. Il sent dans sa poitrine un désir d'amour pointer

comme le bourgeon pointe aux nœuds des branches, et
tout d'un coup il se met à siffler joyeusement. Cet alerte
coup de sifflet qui retentit dans la forêt déserte, silencieuse et grise, est le premier coup d'archet donnant le
signal de la toujours nouvelle et toujours enchanteresse
symphonie du printemps.

TABLE DES ILLUSTRATIONS

TABLE DES ILLUSTRATIONS

LA LINOTTE ET LE TARIN

LE LORIOT

LE MARTIN-PÊCHEUR

LE MOINEAU

LA BERGERONNETTE

LE TRAQUET

TABLE 245

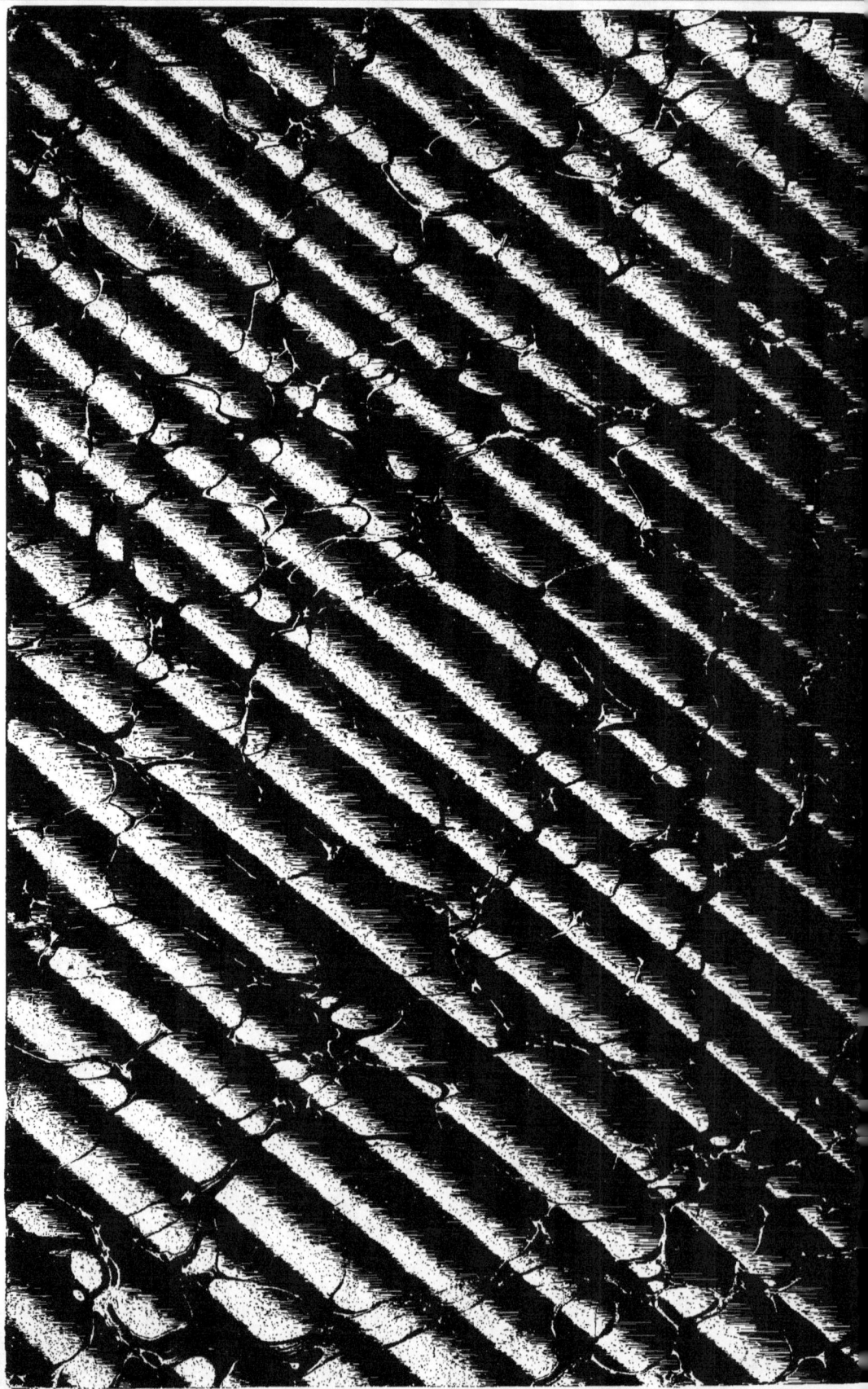

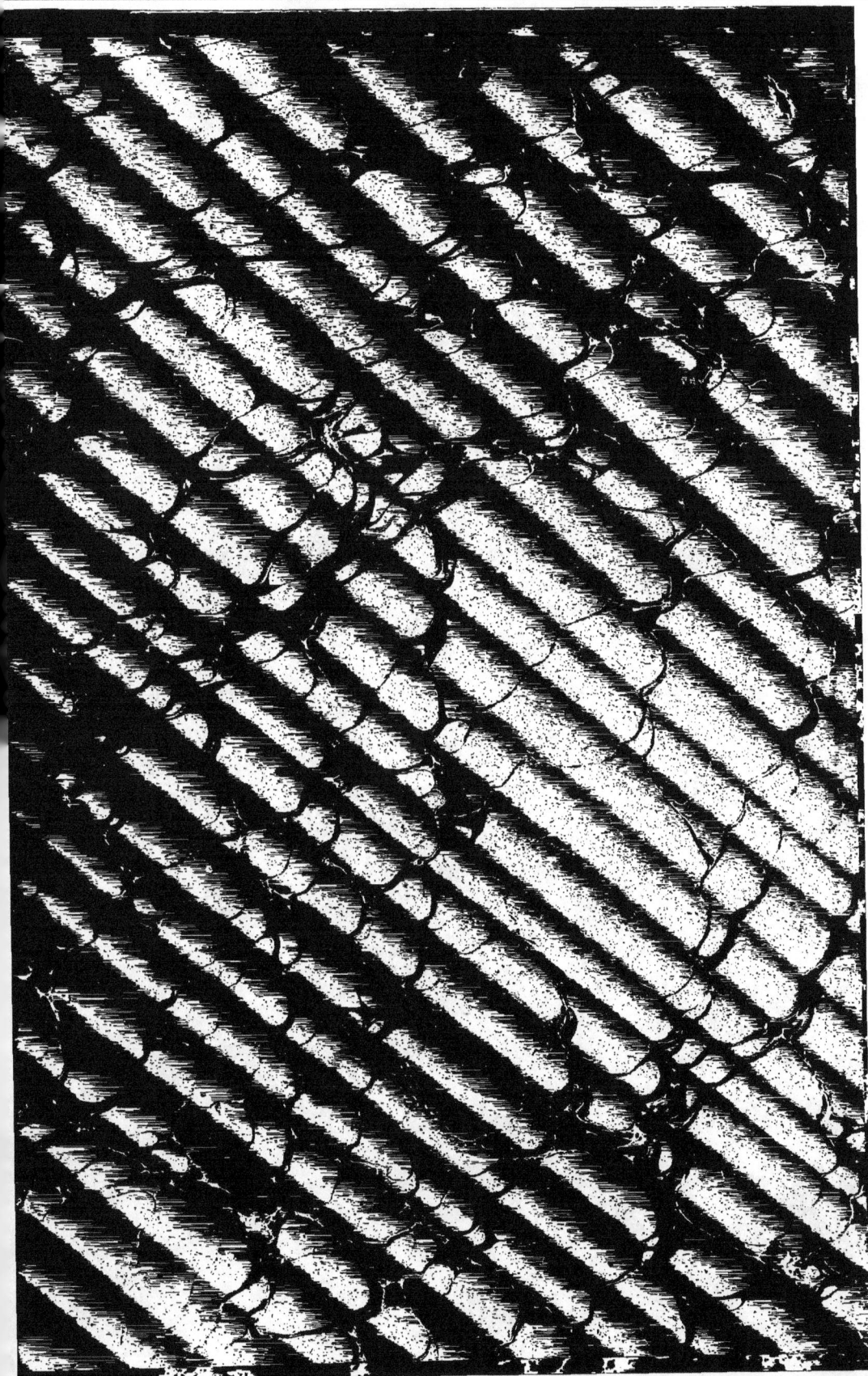

www.ingramcontent.com/pod-product-compliance
Lightning Source LLC
Chambersburg PA
CBHW070257200326
41518CB00010B/1820